W0182211

Textaufgaben für MÄDCHEN 2.-4. Klasse

von
Katja Speicher

PONS GmbH
Stuttgart

PONS

Textaufgaben für MÄDCHEN 2.-4. Klasse

von
Katja Speicher

Auflage A1 5 4 3 2 1 / 2012 2011 2010 2009

Produktinfos und Online-Shop: www.pons.de
E-Mail: info@pons.de
Online-Wörterbuch und Online-Bildwörterbuch: www.pons.eu

Redaktion: Christine Lippet
Logoentwurf: Erwin Poell, Heidelberg
Logoüberarbeitung: Sabine Redlin, Ludwigsburg
Titelfoto: Mina Chapman, Corbis
Einbandgestaltung: Daniel Müller, Stuttgart
Illustrationen: Vera Brüggemann, Bielefeld
Layout: one pm, Petra Michel, Stuttgart
Satz: Satzkasten, Stuttgart
Druck und Bindung: Print Consult GmbH, München

Printed in Slovak Republic.
ISBN: 978-3-12-561644-8

Hallo und willkommen!

Mit diesem Buch kannst du Aufgaben zu Pferden, Hexen, Meerjungfrauen, Tieren u.v.m. lösen und dabei die wichtigsten Themen aus dem Mathematikunterricht trainieren.

Das Buch ist nach Klassen geordnet. Du kannst dir so gezielt **deine Klasse** aussuchen, aber du kannst auch zum Einstieg mit einer niedrigeren Klassenstufe beginnen.

Am besten machst du immer zuerst den Bereich **„Lösungsstrategien“** deiner Klassenstufe. Hier bekommst du Schritt für Schritt Tipps, wie du am besten mit Textaufgaben und Zahlenrätseln umgehst.

Danach hast du zwei Möglichkeiten: Entweder suchst du dir im **Inhaltsverzeichnis** in deiner Klassenstufe das Mathematikgebiet aus, das du gerne üben möchtest, oder du wählst im **Themenverzeichnis** ein Thema, das dich interessiert, zum Beispiel Pferde. Die Zahl vor dem Titel der Textaufgabe verrät dir, zu welcher Klasse die Aufgabe gehört.

1 m = 100 cm

In der Tipp-Box bekommst du noch zusätzliche Hinweise, die dir helfen, die Aufgabe zu lösen. Oft findest du hier auch weiterführende Spiel- und Bastelvorschläge.

3

Einige Übungen haben wir für dich mit einer kleinen Blume gekennzeichnet. Bei diesen Übungen sollst du nicht nur rechnen, sondern du darfst hier noch viel mehr tun: malen, Seil hüpfen, basteln etc. Versuche doch diese Tipps umzusetzen, so kannst du dich zwischendurch bewegen und deiner Phantasie freien Lauf lassen. Danach kannst du dich dann viel besser konzentrieren.

2. Klasse

Lösungsstrategien Seite Bearbeitet

Inhalt

3. Klasse

4. Klasse

Inhalt

Pferde und Reiterhof

Kreatives

Magische Welten

Freunde und Freizeit

Tiere, Natur, Abenteuer

2. Klasse

Lösungsstrategien für Text- und Sachaufgaben

Tipp 1: Lies genau.

1. A Lies die Rechengeschichte 3-mal genau durch.

Marie und Merle sind Hexenkinder. Besonders gerne essen sie Zauberbonbons, die sie sich immer von ihrem Taschengeld kaufen. Von ihren Eltern erhalten die Schwestern im Monat 3,– €. Ihr Opa gibt ihnen immer noch 2,– € dazu. Von einer Nachbarin, mit deren Hund sie spazieren gehen, erhalten sie noch zusätzlich jeweils 1,– €.

1. B Verdecke den Text. Kreuze an, was richtig ist.

1. Marie und Merle sind

☐ a. Hexenkinder. ☐ c. Schwestern.
☐ b. Feenkinder. ☐ d. Freundinnen.

2. Sie bekommen Taschengeld von

☐ a. der Oma. ☐ d. einer Tante.
☐ b. dem Opa. ☐ e. einer Nachbarin.
☐ c. den Eltern. ☐ f. einem Freund.

2. A Lies die Rechengeschichte 3-mal genau durch.

Merle und Marie besuchen die Grundschule „Hexenkessel“ für Hexen. In Merles vierte Klasse gehen 24 Kinder. In Maries zweite Klasse gehen 18 Hexen. In die anderen Klassen gehen 48 Schüler.

2. B Verdecke den Text. Erzähle ihn in eigenen Worten nach.

2. C Beantworte die Fragen.

1. Wie viele Hexen gehen in Merles Klasse? ______
2. Wie viele Schüler besuchen die restlichen Klassen? ______
3. In welche Klasse geht Marie? ______
4. Wie viele Schüler gehen in Maries Klasse? ______

Es ist sehr wichtig, dass du dir die Textaufgaben gut durchliest. Lies sie also ganz langsam und genau, am besten dreimal. Achte dabei vor allem auf alle wichtigen Angaben, wie z. B. Zahlen. Versuch dir die Aufgabe als Bild oder Geschichte vorzustellen.

Tipp 2: Passende Rechenfragen finden.

1. A Lies den Text genau durch.

Merle sammelt im Garten Zutaten für ein echtes Hexenessen. Sie braucht dafür insgesamt 30 Zauberpflanzen. Sie legt 5 Zauberkürbisse und 18 Glückspilze in ihr Körbchen. Schließlich holt sie noch 2 Köpfe Wunschkraut. Als sie auf der Suche nach der Feenwurzel ist, klaut ihr die böse Hexe Tunichtgut 6 Pflanzen aus dem Körbchen.

1. B Kreuze jeweils an, ob es sich bei der Frage um eine echte Rechenfrage handelt.

	Rechenfrage	andere Frage
1. Wer sammelt die Zauberpflanzen?	☐	☐
2. Wie viele Pflanzen braucht Merle insgesamt?	☐	☐
3. Wie viele Pflanzen hat Merle bereits gesammelt?	☐	☐
4. Wie heißt die böse Hexe?	☐	☐
5. Wie viele Zauberwurzeln muss sie noch sammeln?	☐	☐

Bei einer Rechenfrage muss man rechnen, um eine Antwort geben zu können.

2. Suche eine Rechenfrage zur folgenden Geschichte.

Marie liest morgens 5 Seiten in ihrem Buch über wundersame Tiere. Mittags liest sie noch mal 10 Seiten und vor dem Einschlafen noch 8. Insgesamt hat das Buch 50 Seiten.

Rechenfrage: ______________________________

____

Wenn du eine Rechenfrage suchen musst, dann solltest du dir zuerst die Textaufgabe gut durchlesen und dir dann überlegen, was man mit den Zahlen im Text ausrechnen könnte. Manchmal gibt es verschiedene mögliche Rechenfragen.

Tipp 3: Rechenweg finden. Antworten geben.

1. A Vergleiche den Text mit den Bildern und der Rechnung.

Unsere Hexe Merle hat einige Zauberbonbons.	Sie schenkt ihrer Schwester Marie 7 davon.	Sie hat nun 13 übrig.
?		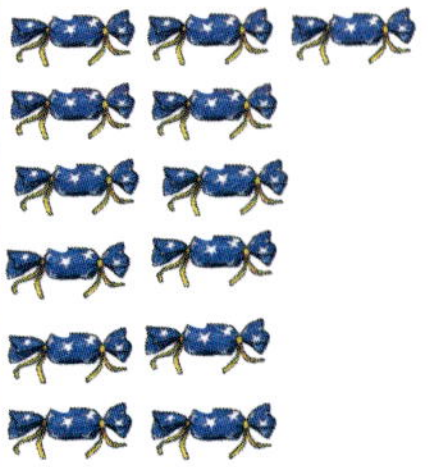

	−	7	=	13
				13

Steht der Platzhalter vorne, hilft dir die Umkehraufgabe!

1. B **Rechenfrage:** ______________________________

1. C Löse die Aufgabe, indem du die Umkehraufgabe rechnest.

1. D Gib eine Antwort:

Antwort: ______________________________

Bei der Umkehraufgabe musst du von hinten nach vorne rechnen.
Du kannst es dir vielleicht so besser merken:
Wenn du auf der 6. Treppenstufe bist, gehst du 7 Stufen hoch (6 + 7) und bist auf der 13. Stufe (6 + 7 = 13).
Bei der Umkehraufgabe bist du auf der 13. Stufe und gehst 7 Stufen herunter und bist auf der sechsten Stufe (13 − 7 = 6).

2. A Finde die richtige Frage.

Marie sammelt Vogelfedern. Sie hat bereits 7 weiße Federn und 8 gelbe Federn.

Frage: ____________________

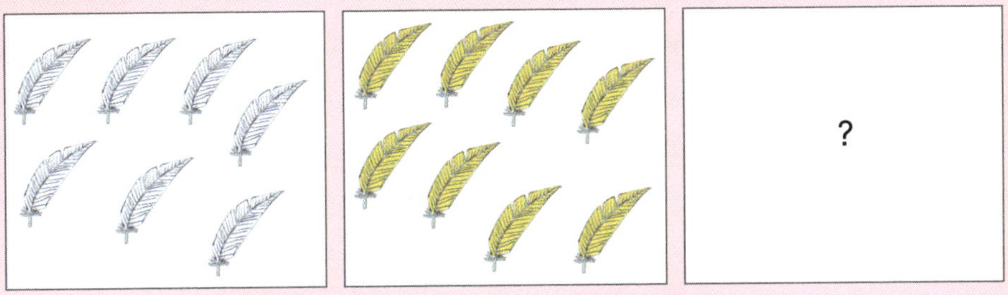

=

2. B Zeichne die passenden Bilder.

2. C Fülle die Kästchen aus und rechne.

2. D **Antwort:** ____________________

Wenn du eine Antwort geben musst, dann solltest du diese genau formulieren, dabei hilft es dir, wenn du die Frage in deiner Antwort mit aufgreifst. Lautet die Frage z. B. „Wie viele Vogelfedern hat Marie?“ Dann müsste deine Antwort sein: „Marie hat … Vogelfedern.“ Beantworte Textaufgaben immer mit einem ganzen Satz.

1 Ein bunter Blumenstrauß

Carina und Jana pflücken einen Strauß Blumen. Carina hat 15 rote und 12 blaue Blumen. Jana steckt noch 11 rote Blumen dazu. Beantworte die Fragen.
Kreuze die Rechenfragen an und rechne.

- ☐ 1. Wie viele blaue Blumen hat Carina? ____
- ☐ 2. Wie viele rote Blumen hat Jana? ____
- ☐ 3. Wie viele rote Blumen sind es insgesamt? ____
- ☐ 4. Wie viele rote Blumen hat Carina? ____
- ☐ 5. Wie viele Blumen sind es insgesamt? ____

Fällt dir die Aufgabe schwer, dann mal dir den Strauß einfach auf.

2 Auf Muschelsuche

Frage: ____________________

Luisa sammelt am Strand 17 Muscheln.

Sie hat nun 26 Muscheln in ihrem Eimer.

?

☐ ☐ ☐ = ☐

Rechnung: ____________________

Antwort: Sie hatte zuvor schon ____ Muscheln im Eimer.

Steht der Platzhalter vorne, hilft dir die Umkehraufgabe.

3 Mandala malen

Male das Mandala aus. Die vierzehn kleinen Kreise werden rot. Die sieben Dreiecke blau und die acht Sterne gelb. Wie viele Formen malst du insgesamt aus? Schreibe die Rechnung dazu.

Rechnung: ______________________________

Antwort: ______________________________

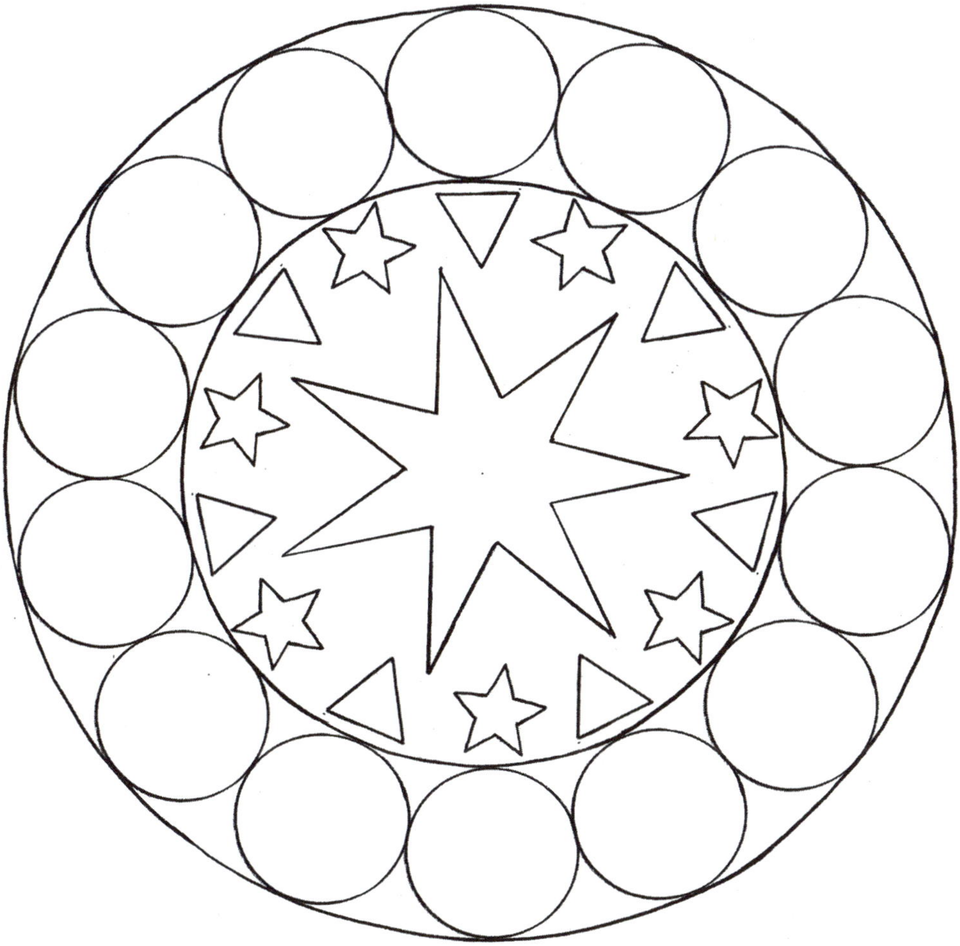

4 Prinzessin Rosarot

Prinzessin Rosarot hat 45 Glitzersteine in ihrem Säckchen. Diese teilt sie mit ihren Freundinnen Lila und Orange. Als sie nach Hause kommt, hat sie nur noch 15 Glitzersteine. Wie viele Glitzersteine hat sie verschenkt?

Antwort: ______________________________

Skizze

5 Eine neue CD

Steffi erhält jede Woche 1,50 € Taschengeld. Sie will sich davon eine CD für 9,99 € kaufen.

Frage: ______________________________

____

____

Antwort: Steffi muss __________ Wochen sparen.

1 Woche	1,50 €
2 Wochen	

Frage deine Eltern, ob sie dir 10 € in kleinen Münzen leihen können. Versuche dann damit Stapel mit je 1,50 € zu machen. Das hilft dir die richtige Frage und die Antwort auf die Rechenaufgabe zu finden.

6 Wir tanzen

Für ihren Tanz stellen sich die Kinder in Reihen auf. Jeweils fünf Mädchen stehen nebeneinander. Es gibt acht Reihen hintereinander.
Wie viele Mädchen sind beim Tanz dabei?

Skizze

Rechnung: ______________________

Antwort: ______________________

7 Lackierte Fingernägel

Fiona und ihre vier Freundinnen dürfen sich mit Mamas Nagellack die Fingernägel lackieren.
Wie viele Fingernägel werden lackiert?

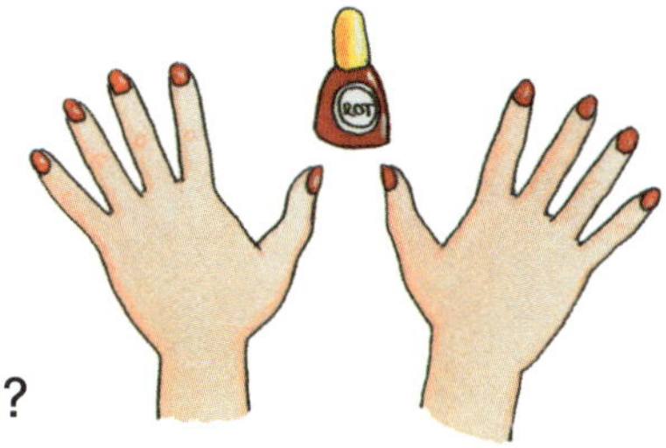

Rechnung: ______________________

Antwort: ______________________

Falls du mit der Aufgabe Schwierigkeiten hast, dann nimm doch die Hände deiner Puppen zur Hilfe.

8 Perlenkette

Laura macht sich eine Perlenkette aus acht rosafarbenen, doppelt so viel blauen und halb so viel grünen Perlen. Rechne aus. Zeichne die restlichen Perlen ein und male sie aus.

A. Laura nimmt ________ blaue Perlen.

Rechnung: ____

B. Laura nimmt ________ grüne Perlen.

Rechnung: ____

C. Insgesamt nimmt sie ________ Perlen.

Rechnung: ____

9 Hasenglück

Vier Hasen hoppeln auf der Wiese herum.

A. Frage: Wie viele Beine hüpfen auf der Wiese?

Rechnung: ____

Antwort: ____

B. Bei 36 Beinen wären es ________ Hasen.

Skizze

Rechnung: ____

10 Meerjungfrauen-Drillinge

Die Meerjungfrauen Nele, Mia und Lara sind Drillinge und wollen sich genau den gleichen Haarreif, den gleichen Pulli, den gleichen Rock und die gleiche Flossenstrumpfhose kaufen.
Wie viele Dinge kaufen sie insgesamt?

Skizze

Rechnung: ____________________

Antwort: ____________________

11 Frühlingsbild

Nimm dir ein Blatt Papier und male ein Bild nach der folgenden Anweisung. Schreibe die Rechnungen auf.

A. Male zwei Schmetterlinge und sechsmal so viele Blumen.

Rechenfrage: ____________________

Rechnung: ____________________

B. Male nun vier Marienkäfer und eine Sonne mit sechsmal so vielen Strahlen dran.

Rechenfrage: ____________________

Rechnung: ____________________

12 Auf dem Bauernhof

A. Auf dem Bauernhof leben Esel, Ziegen und Gänse. Von jeder Tierart gibt es neun Tiere.

Frage: ______________________________

Rechnung: ______________________________

Antwort: ______________________________

B. Bei 45 Tieren gäbe es ________ Tierarten.

Rechnung: ______________________________

13 Die Schulaufführung

Daniela probt für die Schulaufführung. Nach drei Wochen kann sie das Lied auswendig singen, nach zwei weiteren Wochen kann sie auch die Tanzschritte dazu. 28 Tage später wird ihr Auftritt beim Vorsingen ein voller Erfolg.

A. Nach ________ Tagen kann sie das Lied singen.

B. Nach weiteren ________ Tagen kann sie die Tanzschritte.

C. Nach insgesamt ________ Wochen ist ihr großer Auftritt.

14 Wohin gehören die Kühe?

Zu jedem Bauernhof gehören gleich viele Kühe.

A. Verteile gerecht. Schreibe die Rechnung auf.

B. Prüfe mit der Malaufgabe: ______________________

15 Eine lustige Kutschfahrt

Luisa darf mit ihren 13 Freundinnen vom Reiterhof eine Kutschfahrt machen. Jeweils vier Kinder können in einer Kutsche mitfahren. Wie viele Kutschen werden benötigt?

Rechnung: ______________________

____

Antwort: ______________________

____

16 Verhexte Zahlen

A. Meine Zahl gehört zur 8er-Reihe und auch zur 4er-Reihe. Sie liegt zwischen 30 und 40.

Antwort: ______________________

B. Meine Zahl ist kleiner als 50. Sie hat 9 Einer und ist eine Quadratzahl.

Antwort: ______________________

C. Wenn ich zu meiner Zahl 9 dazu zähle erhalte ich 47.

Antwort: ______________________

17 Einkäufe im Hexenkessel

Merle muss für das neue Projekt in der Hexenschule noch einige Dinge einkaufen. Sie geht in den Hexenkessel.

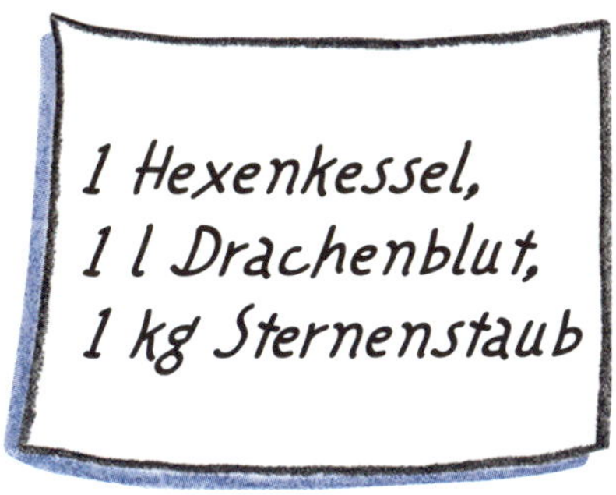

Antwort: Merle muss ______ € bezahlen.

Wenn du Lust hast, kannst du noch eine eigene Einkaufsliste schreiben und diese berechnen.

18 Riesin Berta braucht ein Bett.

Riesin Berta richtet sich ihre Höhle ein. Sie ist mit 3 m 40 cm doppelt so groß wie ein normaler Mensch und hat Schwierigkeiten Möbel zu finden.

A. Wie lange muss ihr Bett sein, wenn sie oben und unten noch 15 cm überstehen haben möchte?

Rechnung: ______________________________

____

Antwort: ______________________________

B. Ein Schrank für normale Menschen ist 2 m hoch. Wie hoch müsste dann der Schrank für die Riesin sein?

Wenn du hier Schwierigkeiten hast, dann lies den Text oben nochmal ganz genau.

Rechnung: ______________________________

____

Antwort: ______________________________

C. Der Sohn der Riesin ist 8 Jahre alt und bereits 1 m 95 cm groß. Hol dir ein Maßband und miss deine Größe im Vergleich. Um wie viele cm ist der Sohn größer als du?

Rechnung: ______________________________

____

Antwort: ______________________________

1 m = 100 cm

19 Ein Tag auf dem Ponyhof

Carlotta darf am Samstag einen ganzen Tag auf dem Ponyhof verbringen. Nach dem Frühstück bringt ihre Mutter sie hin.

9.15 Uhr: Vor dem Aufsatteln wird das Pferd gestriegelt und die Hufe werden ausgekratzt.

9.45 Uhr: eine Stunde und fünfzehn Minuten ausreiten

________ Uhr: Absatteln und Pferd auf die Koppel bringen.

11.30 Uhr Stall ausmisten

12.30 Uhr: Mittagessen und freie Zeit

14.45 Uhr: Pferd putzen und Aufsatteln

15.00 Uhr: eine Stunde Reitunterricht in der Reithalle

________ Uhr: Absatteln und Pferd auf die Koppel bringen

17.30 Uhr: Pferde von der Koppel holen und füttern

A. Carlottas Tag auf dem Ponyhof beginnt um ________ Uhr.

B. Um ________ Uhr gibt es Mittagessen.

C. Der Ausritt beginnt um 9.45 Uhr und endet um ________ Uhr. Er dauert also ________ min oder ________ h und ________ min.

D. Das Mittagessen dauert 45 min. Wie lange hat Carlotta dann noch freie Zeit? ________ min oder ________ h und ________ min

E Das Absatteln am Nachmittag beginnt um ________ Uhr.

1 h = 60 min

20 Ponyreiten

Dilek, Nelly, Jule und Hanna reiten auf demselben Ponyhof. Auf einem Zettel führen sie eine Strichliste, wer auf welchem Pony geritten ist.

A. So oft sind die Mädchen insgesamt geritten:

	Blanka	Blacky	Wirbel
Dilek	0	III	IIII
Nelly	I	IIII	~~IIII~~
Jule	II	II	~~IIII~~
Hanna	~~IIII~~	III	~~IIII~~ I

Dilek: ____________ Nelly: ____________

Jule: ____________ Hanna: ____________

B. Kreuze die richtigen Aussagen an.

- ☐ 1. Dilek ist am wenigsten geritten.
- ☐ 2. Nelly und Jule sind gleich oft geritten.
- ☐ 3. Dilek ist halb so viel wie Hanna geritten.

C. Übertrage die Gesamtergebnisse aus der Strichliste in das Diagramm und ergänze die Balken.

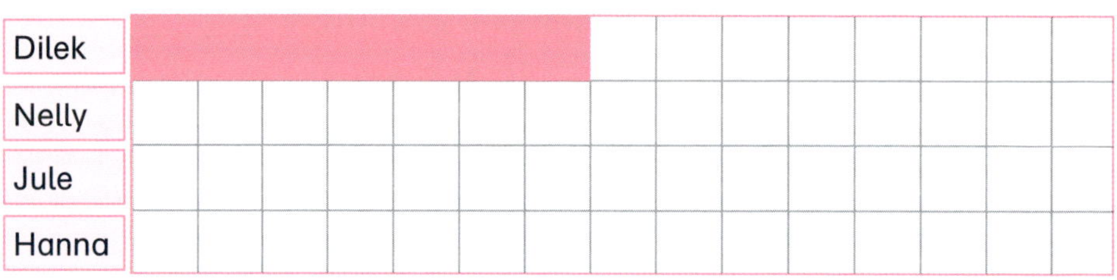

Anzahl der Ritte von 0 – 15 (pro Treffer ein Kästchen benutzen)

21 Wer hat die längsten Haare?

A. Wie viele Haarlängen von Mädchen sind im Schaubild dargestellt? ____________

B. So lang sind die Haare von Denise: ____________
und von Paula: ____________

C. Welches Mädchen hat Haare, die länger als 30 cm sind?

____

D. Kreuze die richtigen Aussagen an:

- ☐ 1. Das Schaubild zeigt wie dick die Haare sind.
- ☐ 2. Selma hat die kürzesten Haare.
- ☐ 3. Pia hat die längsten Haare.
- ☐ 4. Denise und Kaja haben gleich lange Haare.
- ☐ 5. Pia hat längere Haare als Paula aber kürzere als Denise.

22 Meine Familie

Jannika ist jetzt 8 Jahre alt. Ihre Mutter ist fünfmal so alt wie sie und ihr Vater ist noch einmal 4 Jahre älter. Dafür ist ihre Schwester wieder viermal so jung wie der Vater.

Wie alt sind die einzelnen Familienmitglieder?

Schreibe deine Antworten auf die Linien rechts unter den Köpfen.

23 Charlotte darf zum Ballettunterricht.

Charlotte darf endlich auch zum Ballettunterricht. Dafür geht sie mit ihrer Mutter einkaufen. Die Mutter bezahlt mit einem 50-Euro-Schein.

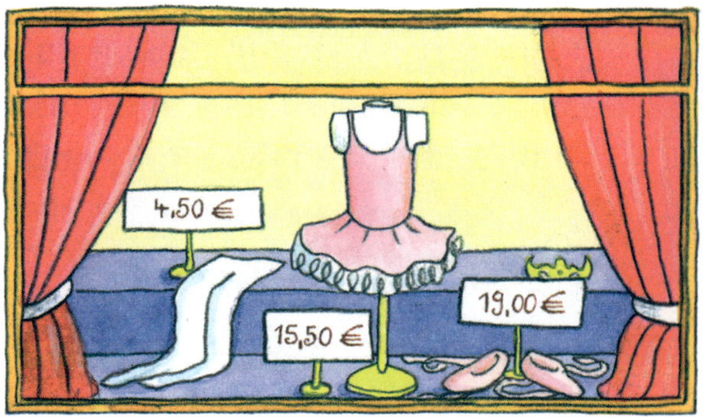

Nummeriere in welcher Reihenfolge du die Rechenfragen löst und rechne.

☐ a. Wie viel kosten Kleid und Strumpfhose?

____

☐ b. Wie viel Geld erhält die Mutter zurück?

____

☐ c. Wie viel kostet alles zusammen?

____

24 Das gefräßige Schaf

Sandra hat im Garten ein eigenes Beet angepflanzt. Sie hat Blumen in 4 Reihen mit jeweils 6 Blumen gesetzt.

A. Kreuze an, wie Sandras Beet aussieht.

a. ☐

b. ☐

c. ☐

d. ☐

B. Das Schaf Molly grast normalerweise immer auf der Wiese. Heimlich hat es sich zum Blumenbeet geschlichen. Es hat von Sandras Beet alle äußeren Blumen abgefressen.

Wie sieht Sandras Beet jetzt aus?

a. ☐

b. ☐

c. ☐

d. ☐

C. Wie viele Blumen sind noch übrig?

____

D. Hat das Schaf mehr als die Hälfte der Blumen gefressen?

Rechnung: ______________________________

____

Antwort: ______________________________

25 Pferdesammelkarten

Muriel, Ronja und Jannika treffen sich im Reitstall. Sie haben ihre Pferdesammelkarten mitgebracht, um sie zu tauschen. Muriel hat 20 Karten und Ronja 15. Jannika bringt 17 mit.

A. Verbinde die Frage mit der zugehörigen Rechnung. Rechne aus.

3. Wie viele Karten haben alle drei zusammen?

1. Wie viele Sammelkarten haben Muriel und Ronja zusammen?

2. Wie viele Karten bringt Jannika mit?

c. 20 + 15 = ______

a. 20 + 15 + 17 = ______

d. 35 + 17 = ______

b. 17

B. Welche Antworten gehören zu den drei Fragen aus A? Male die passende Frage, Rechnung und Antwort in der gleichen Farbe an.

☆ Muriel und Ronja haben zusammen 52 Karten.

□ Muriel und Ronja haben zusammen 35 Karten.

○ Ronja hat 17 Karten.

◇ Jannika bringt 17 Sammelkarten mit.

△ Zusammen haben alle drei Kinder 52 Karten.

3. Klasse

Lösungsstrategien für Sach- und Textaufgaben

Tipp 1: Genau lesen – was ist wichtig?

1. Unterstreiche alle wichtigen Informationen.

Die kleine Hexe Marie ist 8 Jahre alt und ist schon sehr aufgeregt. Heute darf sie mit ihrer 3 Jahre älteren Schwester Merle und ihren Eltern den großen Hexen-Jahrmarkt besuchen. Für die lange Strecke von 320 km darf sie zum ersten Mal auf ihrem eigenen Besen reiten. Nach 4 Stunden sind sie endlich am Ziel.

Wie viele km ist Marie in einer Stunde geflogen?

Rechnung: ______________________________

Antwort: ______________________________

____

Stell dir die Textaufgabe als Geschichte vor. Erzähle sie deiner Mutter oder deinem Vater in eigenen Worten oder spiele sie ihnen vor.

2. Unterstreiche alle wichtigen Informationen. Notiere dann alle wichtigen Angaben auf dem Stichwortzettel.

Auf dem Jahrmarkt herrscht schon ein emsiges Treiben. Marie sieht die vielen bunten Verkaufsstände und Spielbuden. Gemeinsam mit Merle kauft sie sich pinkfarbene Zuckerwatte, die je 1,50 € kostet. Anschließend geht Merle zum Dosenwerfen und bezahlt für drei Würfe 1,80 €. Voller Begeisterung fahren die beiden Hexenmädchen noch zusammen Zauberbahn, bei der der Eintritt 2,– € kostet.

Stichwortzettel

- 2 • 1,50 €
-
-

Wie viel Geld geben die beiden Hexen aus?

Rechnung: ______________________________

Antwort: ______________________________

____

Wenn du eine schwierige Aufgabe hast, lies sie genau durch und stell sie dir als Bild oder Geschichte vor. Lies anschließend die Rechenfrage. Danach kannst du die Aufgabe nochmals lesen und dir die wichtigsten Informationen unterstreichen. Es kann dir auch helfen, wenn du dir die wichtigsten Stichpunkte auf einen Zettel schreibst.

Tipp 2: Passende Rechenfrage finden.

1. A Lies dir die Sachaufgaben genau durch.
Unterstreiche die wichtigen Informationen.

1. Marie möchte auf dem Jahrmarkt noch unbedingt auf einem Einhorn reiten. 5 min kosten 2,– €. Sie hat in ihrem Geldbeutel noch einen 5-Euro-Schein.

2. Merle hat noch 1 Stunde Zeit, bevor sie sich wieder mit ihrer Familie trifft. Mit 2 Freundinnen fliegt sie 5 min im Hexenkarussell, 15 min verbringen sie im Spukschloss und 10 min essen sie vergnüglich Drachenmilcheis. Am Ende schlendern sie noch 20 min über den Jahrmarkt.

1. B Zu welchem Text passen die folgenden Fragen? Kreuze an.

	Text 1	Text 2	zu keinem
1. Reicht ihr Geld?	☐	☐	☐
2. Kommt sie pünktlich zu ihrer Familie?	☐	☐	☐
3. Wie viele Minuten hat sie noch Zeit?	☐	☐	☐
4. Wie viel bezahlen sie für das Eis?	☐	☐	☐
5. Wie oft kann sie reiten?	☐	☐	☐
6. Wie viel Zeit verbringen sie zusammen?	☐	☐	☐
7. Wie heißen die Freundinnen?	☐	☐	☐
8. Wie viel Geld bekommt sie zurück?	☐	☐	☐

1. C Schreibe für jeden Text eine Frage auf, bei der man rechnen muss.

Text 1: ______________________________

Text 2: ______________________________

Tipp 3: Skizzen können helfen.

1. A Lies dir die Sachaufgaben genau durch. Unterstreiche die wichtigen Informationen.

Schließlich treffen sich die zwei Hexenmädchen wieder mit ihren Eltern. Gemeinsam gehen sie zum Zelt, in dem der große Hexentanz stattfindet. Am Eingang geben sie ihre Besen ab. „Wie viele Hexen und Zauberer wohl schon da sind?“ fragt Marie. Merle zählt. 25 Besen stehen bereits an der Garderobe. Zwei Gruppen von je 5 Hexen kommen gerade an. 3 Zauberer verlassen das Zelt und holen sich wieder ihre Besen.

1. B Wie lautet die Rechenfrage? ______________________

____

1. C Vervollständige die Skizze.

Skizze

1. D Lies noch einmal die Frage. Gib eine passende Antwort.

____

____

Skizzen können dir helfen, eine Aufgabe besser zu verstehen. Du kannst dir zum Beispiel die Anzahl der verschiedenen Dinge (z. B. die Hexenbesen) aufmalen oder du machst bei Wegbeschreibungen eine Wegskizze, in die du z. B. die verschiedenen Entfernungen eintragen kannst. Eine Skizze soll schnell und einfach sein. Sie soll kein buntes Bild oder Kunstwerk werden.

Tipp 4: Rechenweg finden. Antwort geben.

1. A Lies dir die Sachaufgabe genau durch.
Unterstreiche die wichtigen Informationen.

Die Hexenfamilie besucht noch Tante Rita. Die Hexe lebt im 85 km entfernten Flederhausen. Nach einer Stunde fliegen sie weiter und kommen nach 150 km schließlich zu den Teufelsbergen. Nach weiteren 105 km erreichen sie den Glückssee. Hier erholen sich Merle und Marie erst einmal und toben glücklich im Wasser. Als die Hexen wieder zu Hause ankommen, sind sie insgesamt 405 km geflogen.

1. B Trage in die Skizze die passenden Zahlen ein.

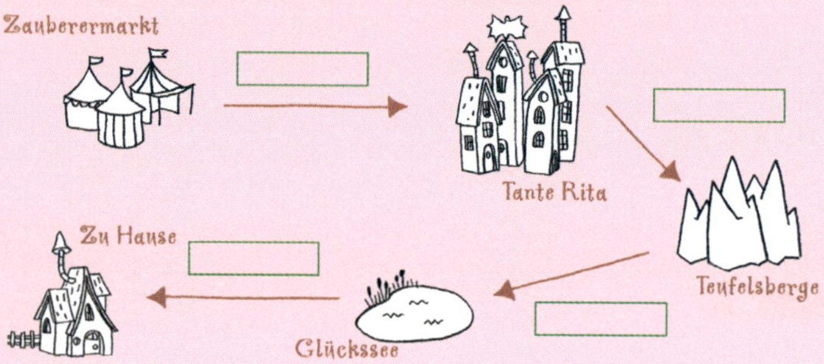

1. C **Rechenfrage:** ______________________________

____

Rechnung:

1. D **Antwort:** ______________________________

____

Mit einer Skizze kannst du dir die Aufgabe besser vorstellen.

Lösungsstrategien für Zahlenrätsel

Tipp 1: Rechenzeichen erkennen.

1. Zu welchem Zettel gehören die Satzstreifen? Verbinde die Ausdrücke mit dem richtigen Rechenzeichen auf den Zetteln.

Addiere 15

Bilde die Summe von

ist um 20 größer als

ziehe 5 ab

Zähle 30 dazu

ist um 20 kleiner als

Zähle 7 und 8 zusammen

Bilde die Differenz von

Subtrahiere 15

Addition +

Subtraktion −

Multiplikation •

Division :

Der vierte Teil von

Teile durch 4

Bilde das Produkt von

Bilde den Quotient von

Das Vierfache von

Halbiere

Verdopple

Dividiere durch 6

die Hälfte von

Multipliziere mit 6

Vervielfache um 5

Nimm mal mit 8

Tipp 2: Lösungswege planen.

1. A Lies genau und unterstreiche die wichtigen Ausdrücke.

Wenn ich von meiner Zahl 50 subtrahiere und die Hälfte von 90 dazuzähle, erhalte ich 200.

1. B Übersetze die Ausdrücke in Rechenzeichen. Schreibe zu dem Zahlenrätsel eine Rechenkette.

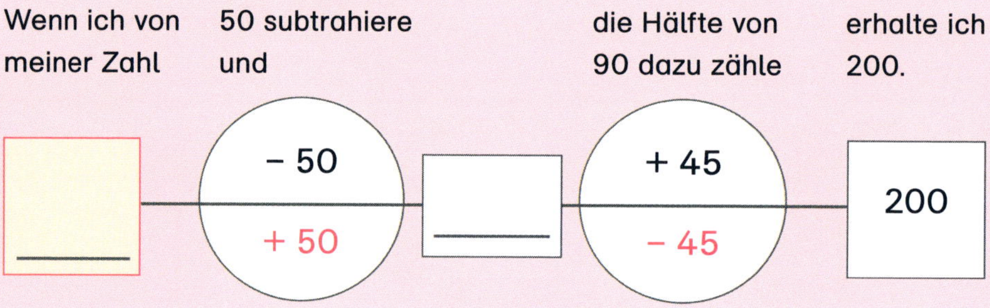

2. Schreibe zu dem Zahlenrätsel eine Rechenkette.
Löse mit Hilfe der Rechenkette.

Ich denke mir eine Zahl, teile sie durch 5, multipliziere sie mit 6. So erhalte ich 54.

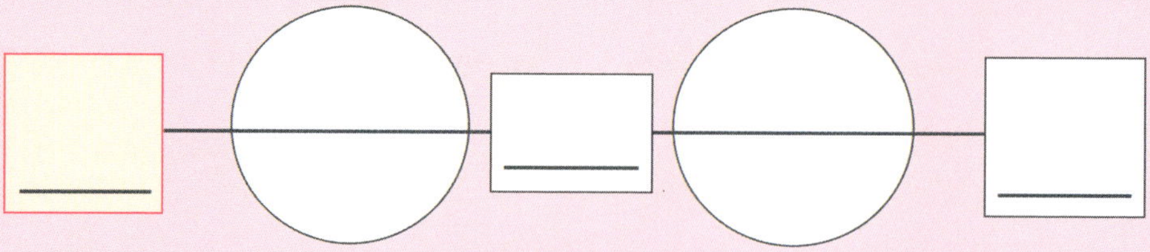

Die Umkehraufgabe hilft dir beim Lösen der Aufgabe.

26 Gespenst Windi

Das Gespenst Windi hat 178 Taler bei der Geister-Lotterie gewonnen. Abends spielt es mit einigen anderen Gespenstern ein Würfelspiel und verliert dabei wieder 66 seiner Taler. Beantworte die Fragen. Kreuze die Rechenfragen an und rechne.

☐ 1. Wer hat die Geister-Lotterie gewonnen?

Antwort: ______________________________

☐ 2. Bei welchem Spiel verliert Windi wieder Taler?

Antwort: ______________________________

☐ 3. Wie viele Taler hat es gewonnen?

Antwort: ______________________________

☐ 4. Wie viele Taler hat Windi verloren?

Antwort: ______________________________

☐ 5. Wie viele Taler hat Windi noch übrig?

Antwort: ______________________________

27 So schnell wachsen die Babys.

Merles Bruder Janis war bei seiner Geburt 51 cm groß. In der Tabelle kannst du ablesen, wie groß er an seinen Geburtstagen war.

Alter	Größe	Wachstum
1 Jahr	78 cm	cm
2 Jahre	0,89 m	cm
3 Jahre	0,98 m	cm
4 Jahre	1,06 m	cm
5 Jahre	1,14 m	cm

A. Wie viel ist Janis in jedem Jahr gewachsen? Vervollständige die Tabelle.

100 cm = 1 m

Antwort: ___

B. Kreuze die Aussagen, die zutreffen, an.

- ☐ 1. Janis wuchs im ersten Jahr am meisten.
- ☐ 2. Janis wuchs bis zu seinem 5. Geburtstag 63 cm.
- ☐ 3. Janis wächst schneller je älter er wird.
- ☐ 4. Janis wuchs im ersten Jahr dreimal so viel wie im dritten Jahr.

Frag deine Mutter, wie groß du als Baby warst. Wie groß bist du jetzt?

28 Ein Cityroller für Carla

Carla möchte sich einen Cityroller für 107 € kaufen.
86 € hat sie bereits gespart.

Frage: ______________________________

____

Rechnung: ______________________________

____

Antwort: ______________________________

29 Schmuck basteln

Katharina, Jaqueline und Maria wollen gemeinsam Perlenschmuck basteln. Katharina bringt 5 Kettenschnüre und 275 Perlen mit, Jacqueline 3 Armreifen und 333 Perlen. Maria hat Schnur dabei und 4 Ringe, 2 Halsketten und 286 Perlen.
Wie viele Perlen haben sie zusammen?

A. Unterstreiche alle wichtigen Informationen.

B. Rechne und gib eine Antwort.

Antwort: ______________________________

30 Im Ballett

Im Opernhaus gibt es 1 000 Zuschauerplätze. Die nächsten Ballettaufführungen sind noch nicht ausverkauft.

Aufführung	Verkaufte Karten
Schwanensee	720
Cinderella	699
Dornröschen	835

A. Berechne wie viele Karten es noch für die einzelnen Aufführungen gibt.

B. Ergänze die Antworten.

1. Für „Schwanensee“ gibt es noch ______________ Karten.
2. Für „Cinderella“ gibt es noch ______________ Karten.
3. Für „Dornröschen“ gibt es noch ______________ Karten.
4. Für ____________________________ gibt es noch die meisten Karten.
5. Für ____________________________ gibt es noch die wenigsten Karten.

31 Simone und Sylvia

Die Skizze hilft dir beim Lösen der Aufgabe.

Die Freundinnen Simone und Sylvia wollen sich treffen. Simone geht zu Fuß und läuft in einer Minute 180 m. Sylvia fährt mit dem Fahrrad und kommt in einer Minute 320 m weit. Nach 2 Minuten treffen sie sich. Wie weit wohnen die beiden Freundinnen von einander entfernt?

A. Vervollständige die Skizze.

Nach 1 Minute

Nach 2 Minuten

B. Rechne.

Antwort: ______________________________

32 Majas Blumenbeet

Maja darf ein eigenes Blumenbeet pflanzen. Sie hat 9 unterschiedliche Blumensorten und hat von jeder Sorte jeweils 8 Samen gesät. Wie viele Blumen blühen jetzt? Zeichne eine Skizze und rechne.

Wenn du Lust hast kannst du ja ein Bild von dem Blumenbeet malen.

Skizze

Rechnung: ______

Antwort: ______

33 Die hässliche Hexe Warzennase

Hexe Warzennase möchte gerne hübsch sein. Dafür braut sie sich einen Zaubertrank. Damit der Trank bei ihr richtig wirkt, braucht sie jedoch von allen Zutaten siebenmal mehr. Rechne für sie das Rezept um.

Schönheits-Limo
2 Blätter Glücksblume
6 Rosenknospen
4 Zauberwürmer
7 Blätter Feenkraut

Rezept für die Hexe
____ Blätter Glücksblume
____ Rosenknospen
____ Zauberwürmer
____ Blätter Feenkraut

34 Jannika springt Trampolin.

Jannika springt in einer Minute achtzigmal auf dem Trampolin. Wie häufig würde sie dann in zwei, drei, vier Minuten und in einer halben Minute springen? Wie oft schaffst du es in einer Minute auf der Stelle zu hüpfen?

Minuten	Sprünge Jannika	Meine Sprünge
1	80	

Das hilft dir beim Multiplizieren mit ganzen 10er-Zahlen.
2 • 80 = ______ und 2 • 8 = ______

35 Verhexte Zahlen

A. Wenn ich von meiner Zahl 53 subtrahiere und zum Ergebnis 164 dazu zähle, erhalte ich 756.

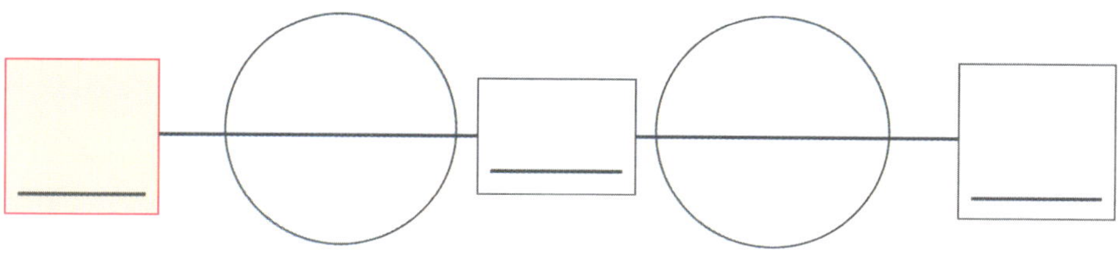

B. Ich denke mir eine Zahl, dividiere sie durch 6 und multipliziere das Ergebnis mit 9. So erhalte ich 108.

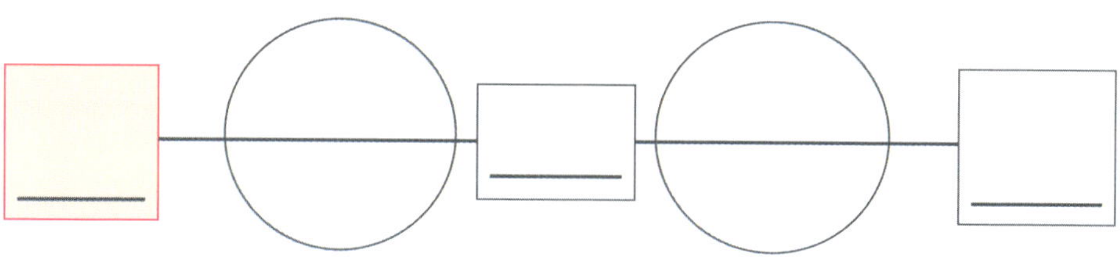

Auf Seite 44f. findest du Tipps für die Lösung von Zahlenrätseln.

36 Naomis Zöpfe

Naomi hat sich von ihrer Mutter die Haare zu vielen kleinen Zöpfen flechten lassen. Für jeden Zopf braucht ihre Mutter drei Haarsträhnen. Insgesamt sind es 28 Zöpfe.

A. Wie viele Strähnen waren für alle Zöpfe nötig?

Antwort: ______________________________

B. Wie viele Zöpfe könnte Naomis Mutter aus 111 Haarsträhnen flechten?

Antwort: ______________________________

Kannst du schon Zöpfe flechten? Dann probiere es doch an einer Puppe aus. Wenn nicht, lass es dir von jemandem zeigen.

37 Die Kinderballettschule

Nele und Federica besuchen eine Kinderballettschule.
Ihre Tanzkünste dürfen sie in drei Vorstellungen aufführen.
Im Saal gibt es Platz für 158 Zuschauer. Alle Vorstellungen sind ausverkauft.
Wie viele Karten wurden insgesamt verkauft?

A. Unterstreiche alle wichtigen Informationen.

B. Rechne.

Antwort: ______________________________

38 Der Hufschmied

Bei Pferdezüchter Hoppe ist was los. Der Hufschmied ist heute da. 24 Fliegen schwirren in der Luft, 62 Pferde stehen auf der Koppel, 7 Katzen springen über die Wiese und ein Hund bellt. Wie viele Hufe muss der Hufschmied kontrollieren?

A. Unterstreiche die wichtigen Informationen.

B. Rechnung: ______________________________

____

Antwort: Der Hufschmied muss ________ Hufe kontrollieren.

39 Gummibärchen

Lara hat von ihrer Oma eine Riesentüte Gummibärchen mit 168 Gummibärchen geschenkt bekommen. Sie möchte sie mit ihren drei Freundinnen gerecht teilen.

Vielleicht bekommst du ja auch ein Tüte Gummibärchen und teilst diese mit deinen Freunden oder Geschwistern.

Frage: ______________________________

Antwort: ______________________________

40 Freundschaftsbänder knüpfen

Meike knüpft für ihre zwei Freundinnen jeweils ein Freundschaftsband. Für beide Bänder zusammen muss sie 828 Knoten knüpfen. In einer Minute schafft sie 9 Knoten. Wie lange knüpft sie an den beiden Freundschaftsbändern?

Rechnung: ______________________________

____

Antwort: ______________________________

Gib die Antwort in Stunden und Minuten an. 60 min = 1 h.
Versuch doch auch ein Freundschaftsband zu knüpfen.
Bist du schneller als Meike oder langsamer?

41 Eine schöne Wand für Pia

Pia möchte mit zwei Freundinnen die Wand ihres Zimmers verschönern. Dafür machen Sie eine Collage aus drei Bildern. Jedes Mädchen hat ein Bild gestaltet, das 75 cm lang ist.

Frage: ____________________

Skizze

Rechnung: ____________________

____

Antwort: Die Collage ist ______ m ______ cm lang.

100 cm = 1 m

42 Juchu – Ferien!

Michaela freut sich. In diesem Schuljahr hat sie 7 Tage Herbstferien, 19 Tage Weihnachtsferien, eine Woche an Fasching frei, elf Tage an Ostern, 2 Wochen Pfingstferien und 6 Wochen Sommerferien.
Wie viele Ferientage hat sie insgesamt?
Rechne mit Hilfe der Tabelle.

Ferien	Wochen	Tage
Herbst	1	
Insgesamt:		

Antwort: ____________________

43 Ein perfekter Ferientag

Ergänze die fehlenden Uhrzeiten und Textstellen.

A. Um 10.15 Uhr kommen meine Freundinnen und holen mich zum Spielen ab. Zuerst spielen wir eine Stunde und fünfzehn Minuten mit dem Baby unserer Nachbarin. Anschließend spielen wir noch eine halbe Stunde „Verstecken".
Dann ist es ________ Uhr.

B. Um ________ Uhr machen wir ein gemeinsames Picknick. Eine drei viertel Stunde später liegen wir dann faul auf der Wiese.
Es ist jetzt ________ Uhr.

C. Juhu, um 14.00 Uhr gehen wir zum Schwimmen. Nach drei Stunden gehen wir nach Hause. Für den Heimweg brauche ich noch zwanzig Minuten.
Um ________ Uhr bin ich wieder daheim.

D. Um 21.15 Uhr muss ich das Licht ausschalten und schlafen gehen.
25 Minuten vorher lege ich mich ins Bett und lese noch ein spannendes Buch.
Zu dem Zeitpunkt ist es ________ Uhr.

Wie sieht für dich der perfekte Ferientag aus?
Schreib doch mal den Tagesablauf auf.

44 Kira bekommt neue Ski.

Kira ist eine begeisterte Skifahrerin. Sie braucht eine neue Ausrüstung. Die Ski kosten 365 €, die Stöcke 36 € und die Skistiefel 134 €. In ihrem Sparschwein hat Kira noch 200 €. Von ihren Großeltern bekommt sie noch 150 € dazu. Den Rest bezahlen ihre Eltern.
Bringe die Rechenfragen in eine sinnvolle Reihenfolge. Beantworte sie.

☐ a. Wie viel kostet alles zusammen?

Rechnung: ______________________________

Antwort: Alles zusammen kostet ________ €.

☐ b. Wie viel Euro müssen ihre Eltern noch bezahlen?

Rechnung: ______________________________

Antwort: Ihre Eltern müssen noch ________ € bezahlen.

☐ c. Wie viel Geld hat Kira?

Rechnung: ______________________________

Antwort: Kira hat ________ €.

☐ d. Was kosten die Ski und die Skistiefel zusammen?

Rechnung: ______________________________

Antwort: Die Ski und die Skistiefel kosten ________ €.

45 Ein gefräßiger Labrador

Nadine hat einen Labrador-Hund, Boomer. Als Nadine in der Schule ist und Boomer alleine zu Hause bleibt, macht er sich über alles Fressbare her. Erst frisst er die 250 g Dosenfutter aus seinem Futternapf auf. Dann plündert er die Vorräte: $\frac{1}{2}$ kg Trockenfutter, 150 g Schokolade, 30 g Hundekekse und 300 g Äpfel. Vor der Fressattacke wog Boomer 38 kg 400 g.

Frage: ______________________________

____

1 kg = 1 000 g

Antwort: ______________________________

1 t = 1 000 kg

46 Der Elefant auf der Wippe

Die Tiere freuen sich, sie haben eine neue Wippe. Die Giraffe wiegt 800 kg, das Nashorn 3,6 t, und das Nilpferd 1,6 t. Ist das Gewicht gleich verteilt?

6 t ____ ____ ____ ____

Antwort: ______________________________

47 Ein Mäusehochhaus

Noah und Jule bauen mit ihrem Vater ein Haus für ihre fünf Mäuse. Der 1. Stock ist 30 cm hoch, der 2. Stock 18 cm und der 3. und 4. Stock sind jeweils 21 cm hoch. Wie hoch ist das Dach, wenn das Haus insgesamt 1,24 m hoch ist?

Rechnung: ______________________________

Antwort: ______________________________

Wenn du Schwierigkeiten beim Lösen der Aufgabe hast, dann zeichne dir doch eine Skizze auf ein extra Blatt Papier. Baue selbst ein Haus aus Papier. Wie hoch ist dein Haus?

48 Ein toller Ausritt

A. Setze die Begriffe an der richtigen Stelle ein.

am Nachmittag

viertel | erste | Hannah | halb | 4,5

Lisa und ____________ reiten gemeinsam mit ihren Pferden aus. Die ____________ Etappe führt sie nach 11 km zum Badesee. Dort können die Pferde genüsslich trinken. Dann reiten sie weiter zur ____________ km entfernten Burgruine Gruselheim. Nach einer Rast von 20 min reiten sie weiter und kommen nach 5 km zum Abenteuerspielplatz. Eine ____________ Stunde spielen sie dort bis sie sich zur letzten Etappe aufmachen, die ____________ so lang ist wie ihre erste. Glücklich kommen sie ____________ wieder nach Hause.

B. Vervollständige die Skizze.

Skizze

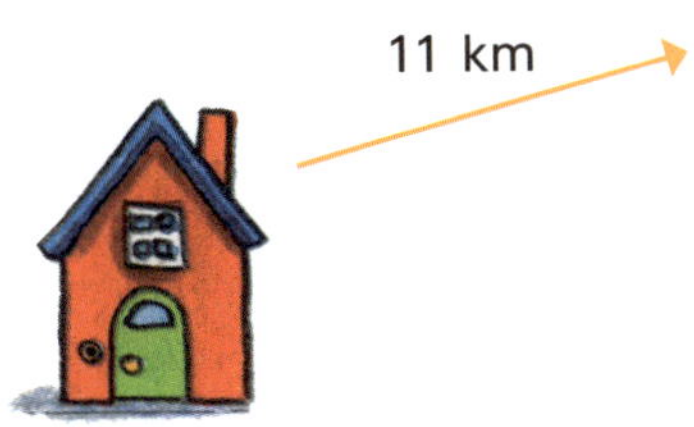

C. Rechne: ______________________________

____

Antwort: Sie sind insgesamt ____________ km geritten.

49 Standweitsprung

Die Kinder haben einen Wettkampf im Standweitsprung veranstaltet. Wer ist die Beste?

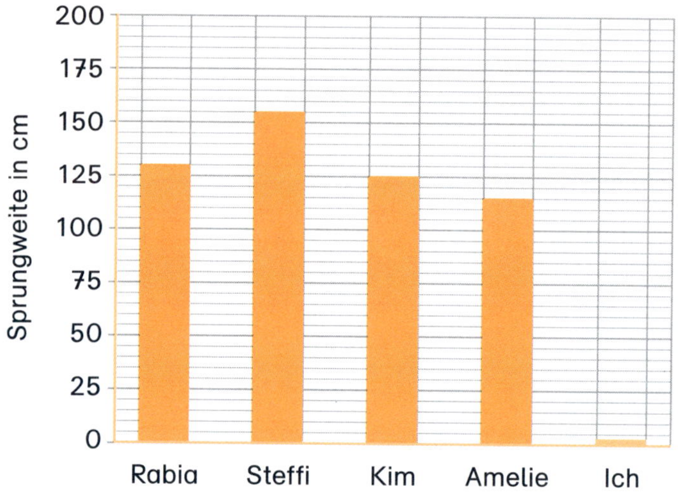

A. Springe mit beiden Beinen gleichzeitig ab. Wie weit kommst du? Trage dein Ergebnis in das Schaubild ein.

B. Beantworte folgende Fragen:

1. Was kannst du aus dem Diagramm ablesen?

   ____

2. Wie viele Kinder sind gesprungen?

   ____

3. Wer ist am weitesten gesprungen?

   ____

4. Wer ist am kürzesten gesprungen?

   ____

5. Wie groß ist der Unterschied zwischen diesen beiden Sprüngen?

   ____

50 Lieblingshaustiere

Die Kinder der Sonnenhofschule wurden nach ihren Lieblings-haustieren befragt. Jedes Kind hatte nur 1 Stimme.

Lies das Schaubild genau und ergänze den Text.

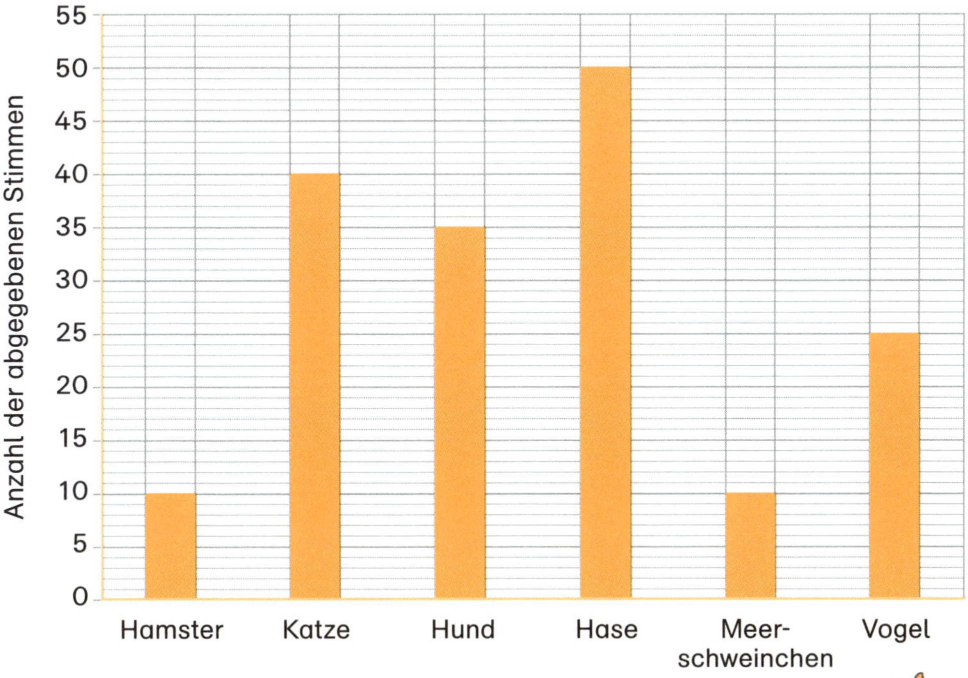

1. Es wurden insgesamt ________ Kinder befragt.
2. ____________________ ist das beliebteste Haustier.
3. Ein Hamster ist genauso beliebt wie ________________.
4. ____________ ist doppelt so beliebt wie ____________.
5. ________________ kam bei der Umfrage auf Platz 3.
6. Nenne die ersten drei Tiere: Von wie vielen Kindern wurden sie gewählt? ____________, ____________, ____________.

51 Sammelleidenschaft

Emily sammelt seit einer Woche Magische-Welten-Bilder. In ihrem Sammelalbum hat es Platz für 160 Sticker.

A. Emily notiert in der Tabelle die Anzahl der Bilder, die sie an den jeweiligen Tagen hat und wie viele Bilder ihr noch fehlen. Ergänze ihre Tabelle.

	Mo	Di	Mi	Do	Fr	Sa	So
Ich habe:	6	10					38
Es fehlen noch:	154	150				125	

- Am Montag bekommt Emily von ihrer Tante 1 Päckchen mit je 6 Einhorn-Stickern und das Album dazu geschenkt.
- Am Mittwoch kauft sich Emily von ihrem Taschengeld 2 Päckchen Meerjungfrauen. Leider sind drei Sticker gleich.
- Am Donnerstag tauscht sie die drei gleichen Sticker mit einer Freundin und erhält dafür drei neue.
- Am Freitag schenkt ihr Lisa 5 Elfen-Sticker.

B. Trage in das Schaubild ein, wie viele Sticker sie an den jeweiligen Wochentagen hat.

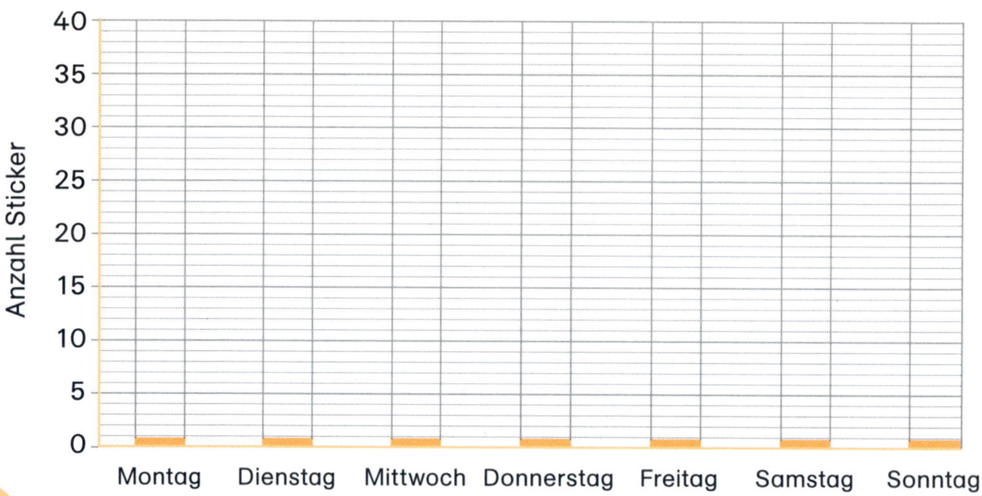

52 Eine Picknickdecke

Nelly möchte gerne für sich und ihre Puppen eine rechteckige Picknickdecke nähen. Ihre Mutter gibt ihr dafür 6 Stoffreste, die jeweils 105 cm lang und 85 cm breit sind.

A. Wie muss Nelly die Stoffreste aneinanderlegen, damit jede Seite der Decke länger als 2 m wird? Vervollständige die Skizze.

B. Um die Decke näht die Mutter noch eine hübsche Bordüre. Wie lange muss diese insgesamt sein?

Skizze

____ cm	

Antwort: ____

53 In der Tierhandlung

Daniela darf sich ein Haustier aussuchen. Sie geht mit ihrer Mutter in die Tierhandlung. Dort steht sie bei den Käfigen mit Wellensittichen und Hasen. Sie zählt insgesamt 14 Köpfe und 44 Füße. Wie viele Hasen und Wellensittiche sind es?

A. Löse mit Hilfe einer Skizze und überprüfe dein Ergebnis durch die Rechnung.

Skizze

Antwort: ____

54 Reitstunden

Mona geht zweimal in der Woche zum Reiten. Mit ihrem Fahrrad braucht sie für den Weg 15 min. Die Reitstunde beginnt um 17.00 Uhr. Mona trifft sich allerdings schon immer 10 min früher mit ihren Freundinnen.

Abfahrtzeit | Zeit für die Strecke | Ankunftszeit

→ [   ] →

Sie muss um ______________ Uhr los fahren.

55 Auf dem Meerjungfrauenmarkt

Meerjungfrau Sophie kauft auf dem Meerjungfrauenmarkt ein. Sie kauft vier Dinge für 14,50 € ein. Findest du die verschiedenen Möglichkeiten?

Vorsicht: Sophie kauft von manchen Dingen auch mehr als nur ein Stück ein.

1	Haarreif	1,50 Gt
___	Ring	______ Gt
___	______	______ Gt
Vier Dinge für:		______ Gt

___	Bikinioberteil	______ Gt
___	Seestern	______ Gt
___	______	______ Gt
Vier Dinge für:		______ Gt

___	Kette	______ Gt
___	______	______ Gt
2	______	______ Gt
Vier Dinge für:		______ Gt

___	Kette	______ Gt
___	______	______ Gt
2	______	______ Gt
Vier Dinge für:		______ Gt

56 Staffellauf

Am Sporttag ihrer Schule nimmt Christiane mit ihren Freundinnen an einem Staffellauf teil. Von den 184 Schülern konnten sich immer Achter-Teams für den Start melden. Jedes Kind läuft 125 m der Strecke und übergibt dann das Staffelholz an den nächsten Läufer.

A. Unterstreiche alle wichtigen Informationen im Text.

B. **Frage:** ______________________________

Skizze

Antwort: Ein Staffel-Team läuft insgesamt eine Strecke von __________ m.

C. Wenn die Strecke 1 km 440 m lang wäre müsste jedes Kind __________ m laufen.

1 km = 1 000 m

57 Stefanies Geburtstagswunsch

Stefanie wünscht sich zum Geburtstag eine Videospielkonsole für 149,99 € und dazu passend zwei Spiele. Der Ponnyhof kostet 43,50 € und das Hundespiel 35,50 €. Die Eltern, Großeltern und der Patenonkel erfüllen ihr gemeinsam den Wunsch.

A. Wie teuer ist das Geschenk insgesamt?

____

B. Wie viel Geld müssen Eltern, Großeltern und der Patenonkel jeweils bezahlen?

____

58 So bastele ich eine bunte Blume.

Zeichne die sechs Blütenblätter auf ein weißes Papier und male sie bunt an. Schneide sie dann aus und hefte sie mit der Klammer zusammen. Wenn du möchtest, kannst du auch noch einen grünen Stil daran befestigen.
Wie viele Blütenblätter brauchst du, wenn du 12 Blumen basteln möchtest?

Rechnung: ______________________________

Antwort: ______________________________

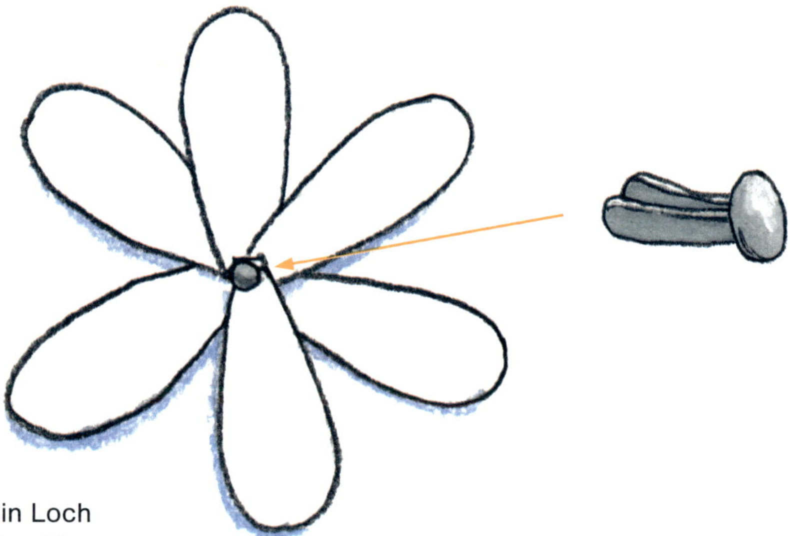

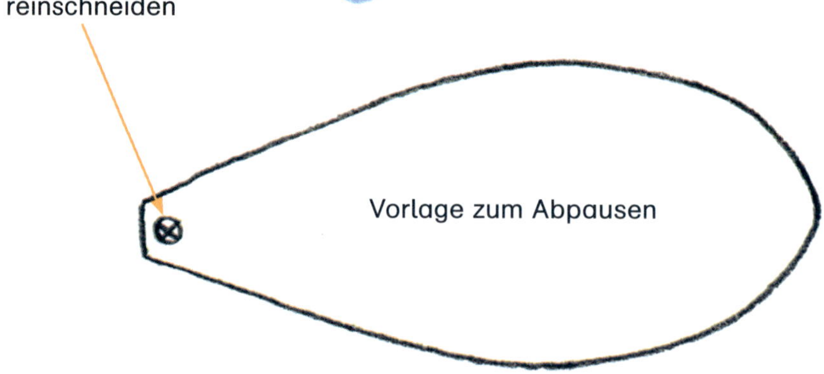

59 Puppenkleidung

Marlies hat für ihre Puppe verschiedene T-Shirts, Hosen und Schuhe. Wie viele verschiedene Möglichkeiten hat sie ihre Puppe anzuziehen?

Du hast verschiedene Möglichkeiten die Aufgabe zu lösen.

1. Mit Hilfe einer Skizze: Zeichne auf ein extra Blatt Papier.

2. Mit Hilfe eines Baumdiagramms: Zeichne auf ein extra Blatt Papier.

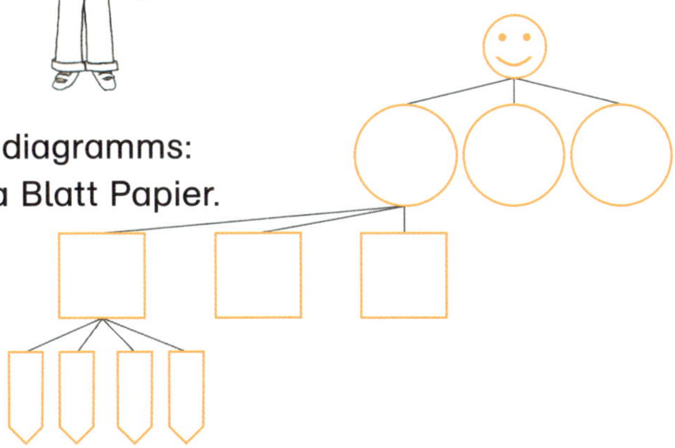

3. Durch eine Rechnung: ______________________

____

Antwort: ______________________

60 Katzen-Logical

Lies dir zuerst den ganzen Text durch. Male dann die Katzen und deren Schwänze in der richtigen Farbe an und schreibe ihren Namen in die Kästchen.

1. Die Schwänze der Katzen sind weiß, braun oder schwarz.
2. Der Schwanz der rechten Katze ist nicht weiß.
3. Die Katze in der Mitte hat keinen braunen Schwanz.
4. Die linke Katze hat einen schwarzen Schwanz.
5. Die Katze mit dem schwarzen Schwanz heißt nicht Eddie und sitzt auch nicht neben ihm.
6. Streuner sitzt neben der braunen und der schwarzen Katze.
7. Paulchen sitzt am weitesten von der braunen Katze entfernt.

4. Klasse

Lösungsstrategien für Sach- und Textaufgaben

Tipp 1: Informationen aus Texten gewinnen.

1. Lies genau. Unterstreiche alle wichtigen Informationen.

Die zwei Hexenkinder Merle und Marie wünschen sich ein Einhorn. Einen Stall haben sie bereits und einen Trog für das Futter und die Einhorntränke sowie 10 Ballen Stroh kaufen die Eltern. Um das Zubehör und das Fressen müssen sich die Kinder selber kümmern. Dafür brauchen sie noch einen Sack Feenkraut und einen Sack Glückspilze. Außerdem fehlen noch eine Bürste, ein Sattel und Zaumzeug.

Was bezahlen die Eltern? Worum müssen sich die Kinder kümmern? Notiere alle wichtigen Angaben.

Sattel	150 €
Zaumzeug	80 €
Bürste	25 €
Trog	25 €
Tränke	70 €
1 Sack Feenkraut	18 €
1 Kiste Glückspilze	17 €
10 Ballen Stroh	20 €

Stichwortzettel

Tipp 2: Fachbegriffe erkennen.

1. Lies dir die Sachaufgaben genau durch. Unterstreiche alle wichtigen Informationen.

1. A Zu jeder Rechengeschichte gehören drei Begriffe. Ordne sie zu.

1. Marie und Merle fahren mit der Hexenbahn zum Einhorn-Reitturnier. Um 9.30 Uhr fährt die Bahn in Besenstadt ab. Um 10.15 Uhr ist sie in Reithausen. Wie lange sind die beiden Hexenmädchen unterwegs?

2. Marie verkauft dort selbstgebrauten Hexensaft. Für die Zutaten hat sie 20 € ausgegeben. Sie verkauft Saft im Wert von 55 €. Wie hoch war ihr Gewinn?

Einzelpreis	Ankunftszeit	Fahrzeit
Einnahme	Abfahrtszeit	Ausgabe
Anzahl	Gewinn	Gesamtpreis

1. B Schreibe zu den drei restlichen Begriffen eine eigene Rechengeschichte.

Tipp 3: Rechenweg finden. Antwort geben.

1. A Lies dir die Sachaufgaben genau durch. Unterstreiche die wichtigen Informationen.

Merle will sich mit ihrer Freundin Nelly am Einhornpark treffen. Merle reitet die 4 km bis dort hin auf ihrem Besen. Für jeden Kilometer braucht sie 2 Minuten. Nelly muss 6 km reiten und braucht für jeden Kilometer 1 Minute und 30 Sekunden. Beide Hexen reiten um 14.00 Uhr los. Welches der beiden Mädchen kommt als erstes an?

1. B Trage in die Skizze die passenden Zahlen ein.

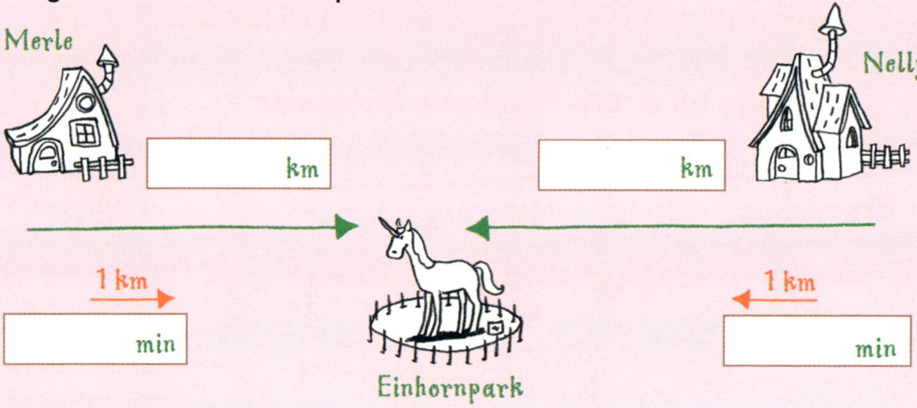

Rechnung:

Merle	
1 km	2 min

Nelly	
1 km	1 min 30 s

Antwort: ______________________________

____

Tipp 4: Aufgabentexte finden.

1. Schreibe zu diesem Stichwortzettel eine eigene Rechengeschichte.

2 Packungen Zauberbonbons: je 2,30 €

1 Zeitschrift „Einhorn-Fan“: 2,50 €

2 Flaschen Geisterwasser: je 1,80 €

Geld von Mama und Papa: 5 €

Taschengeld: ______ €

Rechenfrage: ______________________________

____

Antwort: ______________________________

61 Spielzeugherstellung

A. Setze die Begriffe an der richtigen Stelle ein.

China | 2,50 € | fairen | 7.30 Uhr | Europa | 11 Jahre | 12

Der Großteil unserer Spielsachen wird in ______________ hergestellt. Dort werden auch Kinder zum Arbeiten eingesetzt. Xiao ist ______________ alt. Da ihre Familie sehr arm ist, kann sie nicht zur Schule gehen, sondern muss arbeiten. Ihr Arbeitstag beginnt um ______________ und geht häufig bis 23.30 Uhr. Dafür erhält sie dann in guten Monaten ______________ am Tag. Einmal im Monat hat sie frei. Da ihre Familie auf dem Land wohnt, teilt sie sich ein Zimmer mit ______________ anderen Mädchen. Für die Unterkunft und das Essen muss sie im Monat 25 € bezahlen. Es gibt in ______________ auch Spielsachen mit dem „Fairen-Handel-Siegel“ zu kaufen. Hier achten die Hersteller darauf, dass die Arbeiter unter ______________ Verhältnissen arbeiten.

B. Xiao arbeitet ______________ h in einem Monat mit 30 Tagen.

C. Xiao bleiben im Monat ______________ €, die sie ihrer Familie schicken kann.

Schreibe deine Rechnungen auf ein extra Blatt Papier.

62 Zahlensalat

Maja macht Mathe-Hausaufgaben. Sie hat sich einen Stichwortzettel zu ihrer Übung gemacht.

A. Welcher der Texte passt zu ihrem Stichwortzettel?

Stichwortzettel

```
  25 412
+ 43 250
+ 38 039
```

☐ 1. In einem Garten leben in der Erde 25 421 Würmer, 43 250 Ameisen und 38 309 andere Tiere.

☐ 2. Für ein Bundesligaspiel wollen noch 25 412 Fans eine Karte. Von den 43 250 Karten wurden bereits 38 039 verkauft.

☐ 3. Der Jahrmarkt lockt viele Menschen an. Am Freitag kommen 25 412 Menschen, am Samstag besuchen 43 250 Menschen den Jahrmarkt und am Sonntag sind es 38 039 Besucher.

☐ 4. Frau Mauritz möchte sich ein Auto kaufen. Der VW Passat kostet 25 412 €, der BMW 43 250 € und der Audi 38 039 €.

B. Finde eine passende Frage und rechne sie aus.

Frage: ______________________________

Rechnung: ______________________________

Antwort: ______________________________

63 Zahlensalat Teil 2

A. Welche Aufgabe passt zur folgenden Rechnung? Kreuze an.

$$\begin{array}{r} 125017 \\ -\ \ 34715 \\ \hline \end{array}$$

☐ 1. Im April besuchten 125 017 Besucher den Zoo. Am ersten Maiwochenende kamen noch 34 715 Besucher dazu.

☐ 2. Das Auto von Familie Haas hat 125 017 km auf dem Tacho. Im nächsten Jahr ist der Vater ca. 34 715 km beruflich mit dem Auto unterwegs.

☐ 3. Dividiere 125 017 durch die Zahl 34 715.

☐ 4. Das Freibad Sonnenschein wurde diesen Sommer von 125 017 Menschen besucht. Da es in diesem Jahr weniger regnete, waren es 34 715 Besucher mehr als im Vorjahr.

B. Finde eine passende Frage und rechne aus.

Frage: ____

____

Antwort: ____

64 Pop-Konzert

Für das Konzert der Band „Beautys" gibt es 54 267 Eintrittskarten. Davon sind 25 000 Karten über die Kartenvorverkaufsstellen und 28 809 Karten über das Internet verkauft worden.

Frage: ______________________________

____

Antwort: ______________________________

____

65 Reiterfreizeit

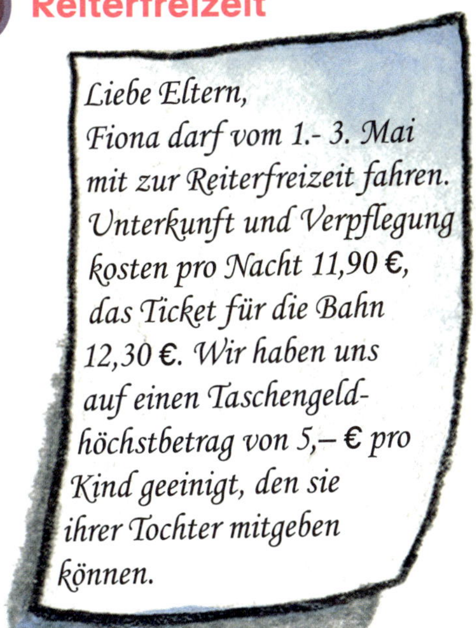
Liebe Eltern,
Fiona darf vom 1.- 3. Mai mit zur Reiterfreizeit fahren. Unterkunft und Verpflegung kosten pro Nacht 11,90 €, das Ticket für die Bahn 12,30 €. Wir haben uns auf einen Taschengeldhöchstbetrag von 5,– € pro Kind geeinigt, den sie ihrer Tochter mitgeben können.

Wie viel Geld müssen die Eltern dem Reitverein zahlen?

Antwort: ______________________________

____

66 Höhenunterschied

Der größte Höhenunterschied auf der Erde beträgt 19 882 m. Dies ist der Unterschied zwischen der tiefsten Stelle im Ozean, dem Marianengraben und dem höchsten Berg der Erde, dem Mount Everest mit 8 848 m Höhe. Wie viele Meter unter dem Meer liegt die tiefste Stelle im Marianengraben?

Skizze

Antwort: ______________________________

67 Einkaufen

Jannika hat von ihrer Patentante Kathrin einen Einkaufsbummel zum Geburtstag geschenkt bekommen. Sie findet ein tolles Kleid und darf es behalten. Tante Kathrin bezahlt mit zwei 20-Euroscheinen und erhält 13,01 € zurück.

Frage: ______________________________

Antwort: ______________________________

68 Treppen-Wettlauf

Steffi und Laura laufen Treppenstufen um die Wette. Beim ersten Durchgang rennen sie die 100 Stufen hoch und müssen dabei jede Treppenstufe benutzen. Beim zweiten Durchgang dürfen sie nur jede zweite Treppenstufe berühren.

	Lauf 1	Lauf 2	Gesamte Laufzeit
Steffi	43 s	59 s	______ min ______ s
Laura	46 s	57 s	______ min ______ s

A. Berechne die gesamte Laufzeit beider Läufe für jedes Mädchen.

B. Suche ein Frage zu der folgenden Antwort und vervollständige die Antwort.

Frage: ______________________________

Antwort: ______________________ hat gewonnen.

Mache doch mal mit einer Freundin einen Treppenwettlauf. Mit einer Stoppuhr könnt ihr eure Zeit messen.

69 Straßenmalerei

Chiara malt mit Straßenkreide ein Bild auf den Boden.
Sie malt einen Rahmen um die Pflastersteine. Der Rahmen ist 13 Steine breit und 9 Steine hoch.
Wie viele Steine muss sie insgesamt bemalen?

Skizze

A. Zeichne eine Skizze.

B. Rechnung: ______________________

Antwort: ______________________

Wenn du Lust hast, kannst du ja auch ein Bild mit Straßenmalkreide malen.

70 Ein offenes Geheimnis

Karla erzählt ihren fünf Freundinnen ein Geheimnis. Jedes Mädchen erzählt es wieder an drei andere Kinder weiter. Diese verraten es jeweils an 7 weitere Kinder.

Skizze

Antwort: Insgesamt kennen nun ______________ Kinder das Geheimnis.

Notiere die Rechnung auf einem extra Blatt Papier.

71 Verhexte Zahlen

Ich denke mir eine Zahl, verdopple sie, subtrahiere dann 153 261 und multipliziere das Ergebnis mit 4. Wenn ich nun 32 104 addiere, erhalte ich 504 756.
Trage die Zahlen in die Rechenkette ein. Rechne.

Beim Rechnen hilft dir die Umkehraufgabe. Lies dir auch nochmal auf Seite 41f. die Lösungsstrategien für die Zahlenrätsel durch.

72 Regenwaldexpedition

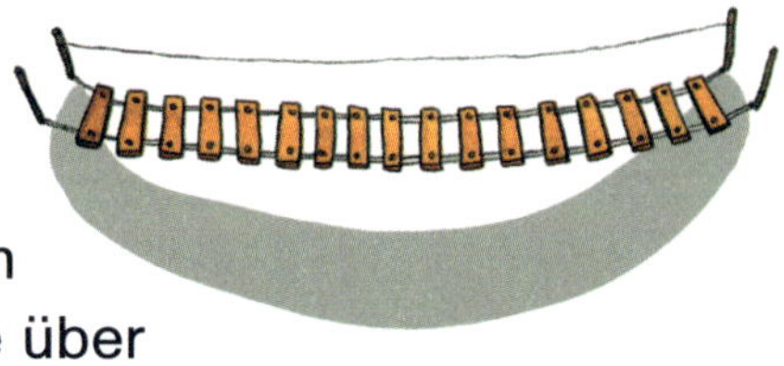

Bei einer Regenwaldexpedition kommen die Forscher an eine Wackelbrücke, die über eine tiefe Schlucht führt. Die 17 Holzbretter sind als Fußtritte im Abstand von 35 cm zueinander angebracht. Das erste und das letzte Brett sind jeweils nur 20 cm vom Boden entfernt. Wie breit ist die Schlucht?

Skizze

Antwort: ______________________________

73 Hulla-Hupp-Reifen

Kym Coberly aus den USA stellte im Oktober 1984 den noch gültigen Dauerrekord mit dem Hulla-Hupp-Reifen auf. Sie schaffte es, den Reif 72 Stunden lang um die Hüfte kreisen zu lassen, ohne dass dieser auf den Boden fiel. Jede Stunde durfte sie 5 Minuten Pause machen. In einer Minute kreist der Reif ca. 115mal um die Hüfte.

Frage: ______________________________

Antwort: In 72 Stunden kreiste der Reifen ________ mal.

74 Geburtstagsparty

Lynn feiert ihren Geburtstag mit 10 Freundinnen. Als Überraschung gibt es Kinderbowle. Jedes Mädchen trinkt drei der jeweils mit 0,25 l Bowle gefüllten Gläser.

Frage: ______________________________

Antwort: Die Kinder trinken zusammen ______ l ______ ml.

Schreibe deine Rechnungen auf ein extra Blatt Papier.
Denke daran, 1 000 ml = 1 l.

75 Außerirdische Besucher

Eine Gruppe Außerirdischer von verschiedenen Planeten unseres Sonnensystems landet mit ihrem Ufo auf der Erde. Auf jedem Planeten dauert ein Jahr unterschiedlich lange. Die Außerirdischen sind auf ihrem Planeten alle 8 Jahre alt. Wie alt wären sie auf der Erde?

	1 Jahr auf der Erde dauert auf dem Planeten:	Alter des Außerirdischen auf der Erde:
Neptun	165 Jahre	
Merkur	88 Jahre	
Mars	2 Jahre	
Jupiter	12 Jahre	
Saturn	29 Jahre	
Pluto	8	

76 Die Wunschmaschine

Wäre es nicht toll, wenn du eine Maschine hättest, die mit 9 630 Wünschen gefüllt wäre und die dir jeden Tag drei Wünsche erfüllen würde.
Wie viele Tage würde sie dich dann versorgen?

Antwort: ______________________________

Überschlage. Das wären ungefähr ______ Jahre.

77 Halloween

Nina zieht in der Halloweennacht mit seinen drei Freunden von Haus zu Haus. Mit dem Spruch „Süßes sonst gibt es Saures" sammeln die Kinder 186 Süßigkeiten.
Können die Kinder diese gerecht teilen?

Antwort: ______________________________

78 Verhexte Zahlen

A. Addiere das Produkt der Zahlen 13 526 und 9 mit der Differenz der Zahlen 124 886 und 123 963.

Antwort: ______________________________

B. Bilde aus der den Ziffern 8, 3, 9, 4, 2 die größte fünfstellige Zahl und halbiere diese.

Antwort: ______________________________

Schreibe deine Rechnungen auf ein extra Blatt Papier.

79 Das Schultheater

Hanna spielt im Schultheater mit. Drei Schulstunden in der Woche ist Probe. Eine Schulstunde dauert 45 min. Einmal in der Woche arbeiten die Kinder außerdem von 14.45 – 16.30 Uhr am Bühnenbild und den Kostümen. Zweimal in der Woche lernt Hanna von 15.30 – 17.00 Uhr den Text auswendig.

Stichwortzettel

Frage: ______________________________

____

Antwort: ______________________________

80 Auf Tournee

A. Setze die fehlenden Begriffe und Daten in die Skizze und den Text ein.

vier | 25.07. | 16. Juli | 8.30 Uhr | Berlin

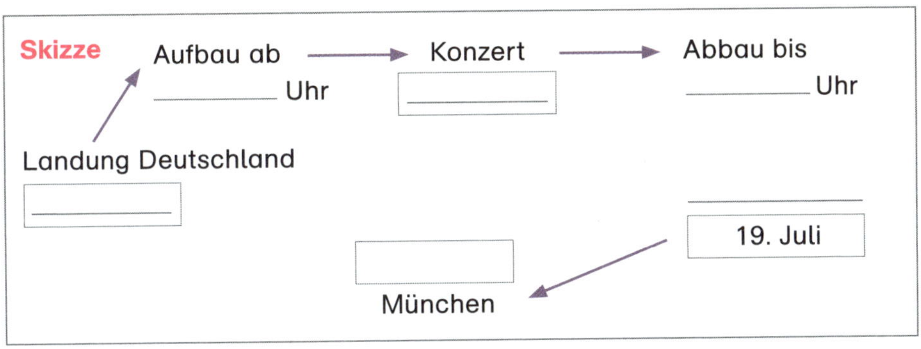

Am ______________ landet die Popgruppe „Beautys" in ______________. Sie startet am nächsten Tag ihre Deutschlandtournee mit einem Konzert im Olympiastadion. Die Arbeiter beginnen bereits um ______________ Uhr mit dem Aufbau der Technik. Am Nachmittag wird noch eine Probe durchgeführt, bevor das Konzert am Abend stattfindet. Im Anschluss bauen die Arbeiter bis um 2.30 Uhr alles wieder ab und fahren weiter. Der nächste Auftritt ist am ______________ in Frankfurt. Darauf folgen noch ______________ weitere Konzerte bis die Band am ______________ ihr Abschlusskonzert in ______________ gibt.

B. Die Deutschlandtournee der „Beautys" geht ________ Tage.

C. Ein Konzerttag dauert mit Auf- und Abbau ________ Stunden.

Schreibe deine Rechnungen auf ein extra Blatt Papier.

81 Jacqueline

Jacqueline bekommt von ihren Großeltern 50,– € geschenkt. Sie kauft sich davon eine DVD und zwei Buchbände ihrer Lieblingsreihe „Abenteuer einer Meerjungfrau“. Ein Buch kostet 12,50 €. Sie erhält 5,10 € zurück.

Frage: ______________________________

____

Antwort: ______________________________

____

100 ct = 1 €

82 Mit Luftballons abheben

Jule sieht auf dem Jahrmarkt einen Luftballonverkäufer. Jule wiegt 38 kg. Ein Ballon kann ein Gewicht von 20 g tragen und damit abheben. Sie überlegt sich, wie viele Ballons sie mindestens halten müsste, damit sie abheben würde?

Antwort: ______________________________

1 000 g = 1 kg

83 Schwere Tiere

Das größte und schwerste Säugetier auf der Erde ist der Blauwal. Die Tiere werden um die 30 m lang und 200 t schwer. Alleine die Zunge des Blauwals wiegt mit ihren 6 t so viel wie ein Elefant oder wie 4 Nilpferde.
Vier Löwen wiegen ungefähr so viel wie eine Giraffe.
Ein Krokodil wiegt ca. fünfmal so viel wie ein Gorilla.
Ergänze die Tabelle.

	t	kg	Kommazahl
Blauwal	200	200 000	200, 0 t
Elefant			t
Nilpferd			t
Löwe			0,165 t
Giraffe			t
Krokodil			t
Gorilla		220	t

1 000 kg = 1 t

84 Im Hochseilgarten

Angelina hat heute im Hochseilgarten einige Mutproben vor sich. Allerdings trägt sie auch einen Klettergurt und ist über ein Seil gesichert. Zunächst muss sie über fünf jeweils 7,50 m lange Seile laufen. Danach hangelt sie sich 10 m an einer Strickleiter nach oben. Dort angekommen, wartet schon eine Wackelbrücke auf sie. Nachdem sie die 12,4 m lange Brücke überquert hat, kommt sie zu einem Baum. Sie hängt sich mit einem Haken an ein Seil ein und saust daran 15 m weiter zum nächsten Baum. Von dort aus läuft sie über sechs unterschiedlich hohe Holzpfähle die jeweils 40 cm voneinander entfernt sind. Vom letzten Pfahl muss sie sich schließlich 5 m in die Tiefe in ein Netz fallen lassen.
Wie viele Meter hat Angelina zurückgelegt?

A. Unterstreiche alle wichtigen Angaben.

B. Mache dir eine Skizze, so könnte der Anfang aussehen:

Skizze

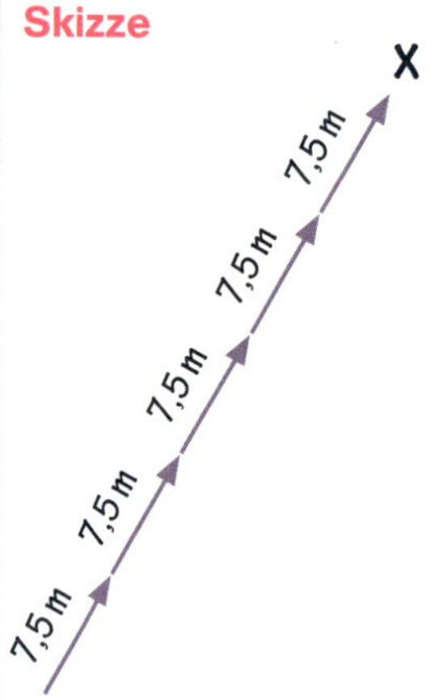

100 cm = 1 m

C. Rechne die Antwort auf die Frage aus.

Antwort: ______________________________

85 Durstige Elefanten

Elefanten in einem Zoo oder im Zirkus brauchen aufgrund des vielen Heus, das sie zu fressen bekommen, mehr zu trinken als ihre Artgenossen in Freiheit. Am Tag trinken sie ungefähr 152 l Wasser.

A. Wie oft muss ein Elefant seinen Rüssel füllen, wenn dieser 8 l fasst?

1 000 ml = 1 l

Antwort: ______________________________

B. Wie viel Glas Wasser würde ein Elefant trinken wenn man dieses mit $\frac{1}{4}$ l Wasser füllen würde?

Antwort: ______________________________

Bevor du anfängst zu rechnen, hilft dir sicherlich folgende Rechnung: $\frac{1}{4}$ l = ____________ ml

86 Seilspringen

Bianca springt mit ihren Freundinnen Seil. Jedes Mädchen hat zwei Versuche. Die Kinder machen eine Strichliste, wie häufig sie es geschafft haben, am Stück zu springen. Zeichne den ersten Versuch rot und den zweiten blau ein. Ergänze in der Tabelle die Daten für Bianca.

	1. Versuch	2. Versuch
Bianca	____	____
Finja	32	27
Antonia	23	17
Johanna	9	15

Wie oft kannst du Seil springen, ohne dass das Seil hängen bleibt?

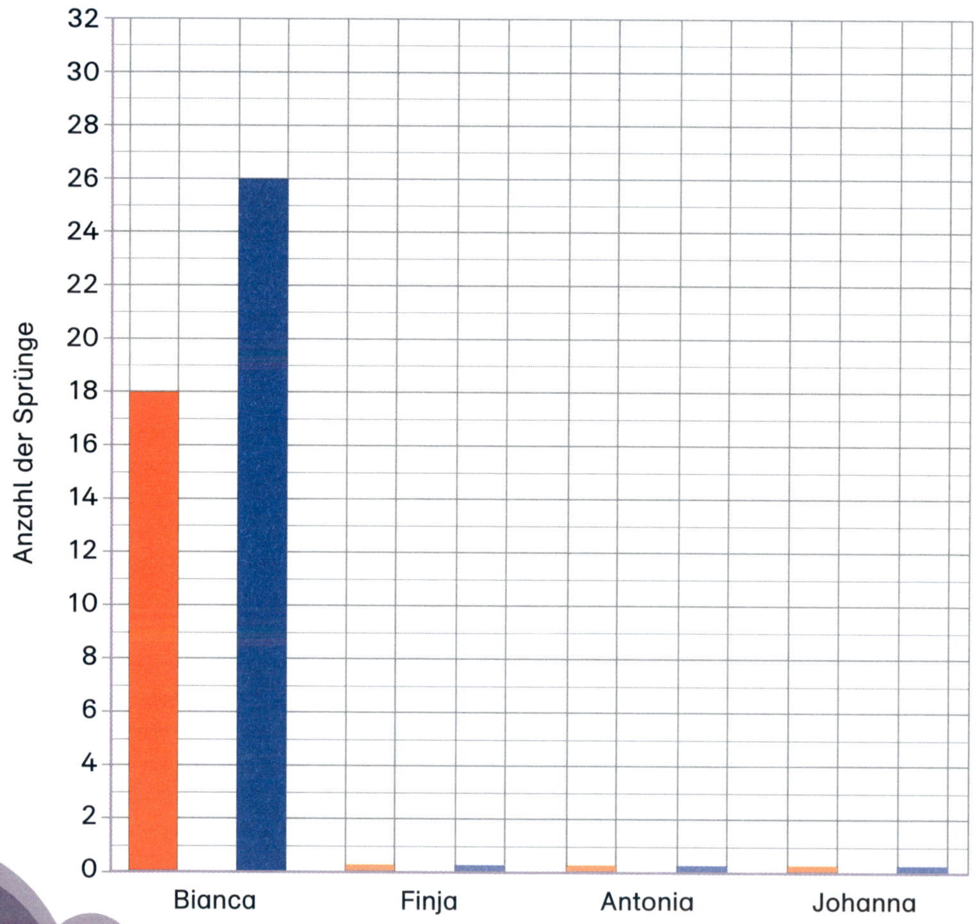

87 Babys in Deutschland

Die meisten Babys in Deutschland wurden 1964 geboren. Damals kamen 1 357 304 Babys zur Welt. 2008 waren es nur noch 675 187.

A. Trage die Geburten für das Jahr 2008 ins Schaubild ein. Runde die Zahl vorher auf 10 000.

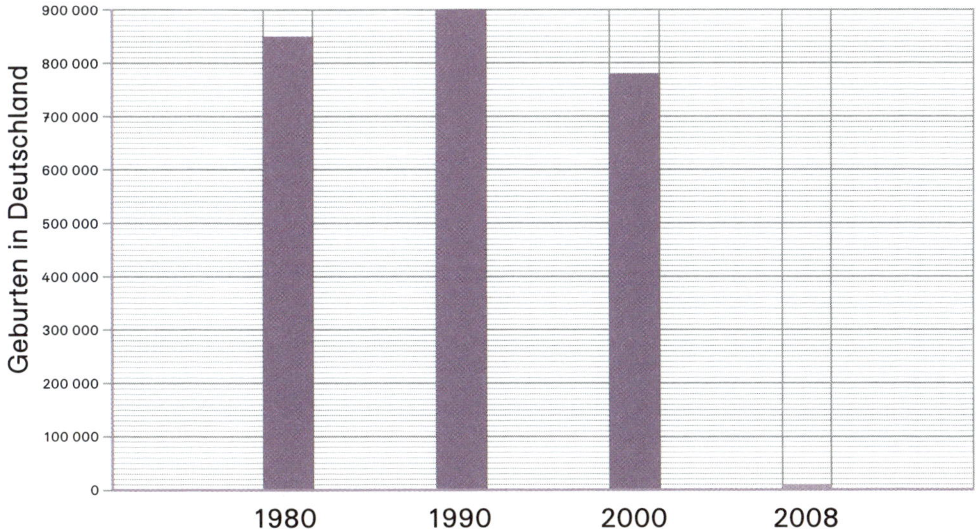

B. Nenne die zwei geburtenschwächsten Jahre.

____

C. Kreuze die richtigen Aussagen an.

☐ 1. Das Schaubild zeigt, wie viele Babys in einem Jahr auf der ganzen Welt geboren wurden.

☐ 2. 2008 kamen ungefähr nur halb so viele Babys auf die Welt wie im Jahr 1964.

☐ 3. Im Jahr 2000 kamen ungefähr 120 000 Babys weniger auf die Welt als 1990.

88 Spendenlauf

Die 275 Schüler der Sonnengrundschule veranstalteten einen Spendenlauf für ihre Partnerschule in Afrika. Die Grundschüler erhielten von ihren Eltern, Großeltern oder anderen Laufpaten pro 200 gelaufene Meter 0,50 €.

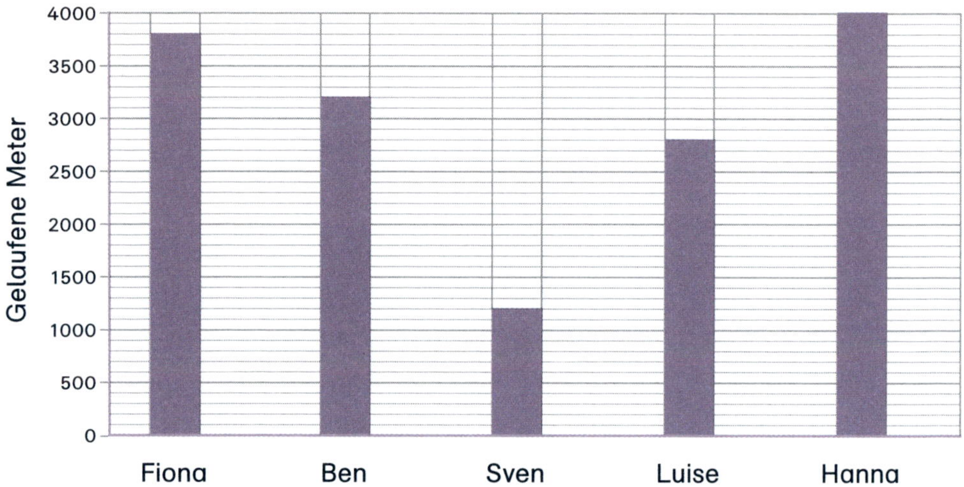

A. Wer ist am weitesten gelaufen?
Schreibe die Namen in der richtigen Reihenfolge auf.

1. ______________________ 2. ______________________

3. ______________________ 4. ______________________

5. ______________________

B. Wie viel Geld können die einzelnen Kinder spenden?

Fiona: ______________________ m ≙ ______________________ €

Ben: ______________________ m ≙ ______________________ €

Sven: ______________________ m ≙ ______________________ €

Luise: ______________________ m ≙ ______________________ €

Hanna: ______________________ m ≙ ______________________ €

89 Taschengeld

Marie wurde von ihrem Opa gefragt, was ein angemessenes Taschengeld für sie wäre. Da nun Marie am liebsten mit ihrem Opa Schach spielt, machte sie ihm folgenden Vorschlag: „Lege mir jede Woche Centstücke auf ein Feld des Schachbretts. In der ersten Woche legst du mir auf das erste Feld 1 Cent. In der zweiten Woche das Doppelte, also 2 Cent auf das zweite Feld. In der dritten Woche dann doppelt so viel wie in der vorherigen und so weiter."
Kann sich der Opa das leisten?

A. Schätze wie viel Geld Marie in den folgenden Wochen bekäme.

5. Woche: ________ 8. Woche: ________

12. Woche: ________

100 ct = 1 €

B. Rechne aus, wie viel Cent auf den ersten 12 Feldern liegen.

Feld	1	2	3	4	5	6	7	8	9	10	11	12
Cent												

C. Ab der ________ Woche würde Marie mehr als 10 € erhalten.

D. In der 15. Woche würde sie ________ ct oder ________ € erhalten.

Ein Schachbrett hat 64 Felder. In der Lösung kannst du nachschlagen, wie viel Geld sie in der 64. Woche bekommen würde. Bei großen Zahlen darfst du auch mal einen Taschenrechner zu Hilfe nehmen.

90 Die Löwenfamilie

Ein Löwenbaby hat sich aus Versehen 513 m von seiner Mutter entfernt. Durch lautes Brüllen verständigen sie sich und laufen sich entgegen. Das Löwenbaby kommt in einer Sekunde 5 m weit. Die Mutter schafft 14 m in einer Sekunde. Wann treffen sie sich wieder?

A. Vervollständige die Skizze

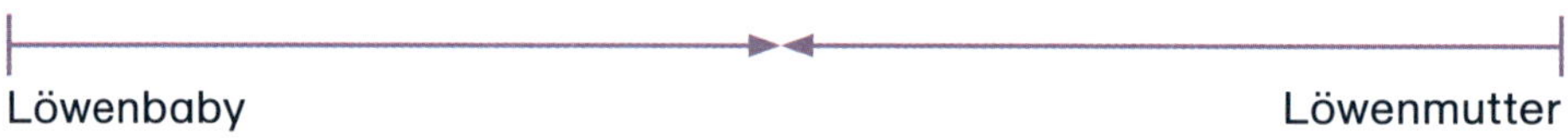

Löwenbaby

1. Sekunde	5 m
5. Sekunde	m
10. Sekunde	
20. Sekunde	
25. Sekunde	
26. Sekunde	
27. Sekunde	

Löwenmutter

1. Sekunde	m
5. Sekunde	m

Antwort: ______________________________

Auf Seite 74 in den Lösungsstrategien siehst du, wie du die Skizze geschickt anfertigen kannst.

91 Nach eigenen Regeln!

Suche dir einen Partner für ein Würfelspiel. Wer die meisten Punkte hat, gewinnt das Spiel.

Regel 1: Du erhältst einen Punkt, wenn deine Zahl durch 3 teilbar ist. Ansonsten erhält dein Partner einen Punkt.

Regel 2: Du erhältst einen Punkt, wenn deine Zahl durch 2 teilbar ist. Wenn nicht, erhält dein Partner einen Punkt.

Regel 3: Du erhältst einen Punkt, wenn deine Zahl kleiner als 5 ist. Ansonsten bekommt dein Partner einen Punkt.

A. Für welche Regel entscheidest du dich?

Begründung: ______________________________

____

____

____

____

____

____

B. Spielt nun alle drei Varianten durch und würfelt zu jeder Regel 25-mal. Notiert eure Punkte als Strichliste. Vergleiche nun deine Ergebnisse mit deinen Vermutungen.

Spieler 1: ______________	
Spieler 2: ______________	

92 Ein Türvorhang

Auch wenn die Türe zu ihrem Zimmer offen steht, möchte sich Mia vor neugierigen Blicken schützen. Sie bastelt sich aus 2 m langen Bändern einen eigenen Türvorhang. Alle 15 cm knüpft sie einen Gegenstand an das Band. Die Türe ist 80 cm breit. Alle 5 cm möchte sie ein Band hinhängen. Wie viele Gegenstände braucht sie insgesamt?

Antwort: ______________________________

Notiere deine Rechnung auf einem extra Blatt Papier. Vielleicht hast du ja Lust dir auch einen solchen Vorhang zu basteln, als Gegenstände eignen sich z. B. Perlen, Muscheln etc.

93 Der Besuch

Ronja möchte heute noch unbedingt ihre Freundin Emma besuchen. Vorher hat sie ab 14.15 Uhr noch $1\frac{1}{4}$ Stunden Ballettunterricht. 15 min fährt Ronja mit dem Bus. Der Bus hält genau vor der Ballettschule und ab 15.00 Uhr fährt er alle 20 min. Wenn sie aussteigt, muss sie noch 3 min bis zu ihrer Freundin laufen. Wann ist Ronja bei ihrer Freundin?

A. Unterstreiche die wichtigen Begriffe und Angaben.

B. Löse mit Hilfe einer Skizze

Ende Ballett-unterricht	Abfahrt Bus	Ankunft Bus	Ankunft bei Emma
______	______	______	______

Antwort: ______________________________

94 Ein Freigehege

Nelly baut mit ihren Geschwistern ein Freigehege für die Zwergkaninchen. Das Gehege soll 80 cm hoch werden und jeweils eine Seitenlänge von 1,25 m haben. Sie bauen zunächst einen Rahmen aus Holz, an den der Maschendrahtzaun befestigt werden soll.

A. Vervollständige die Skizze und beschrifte diese.

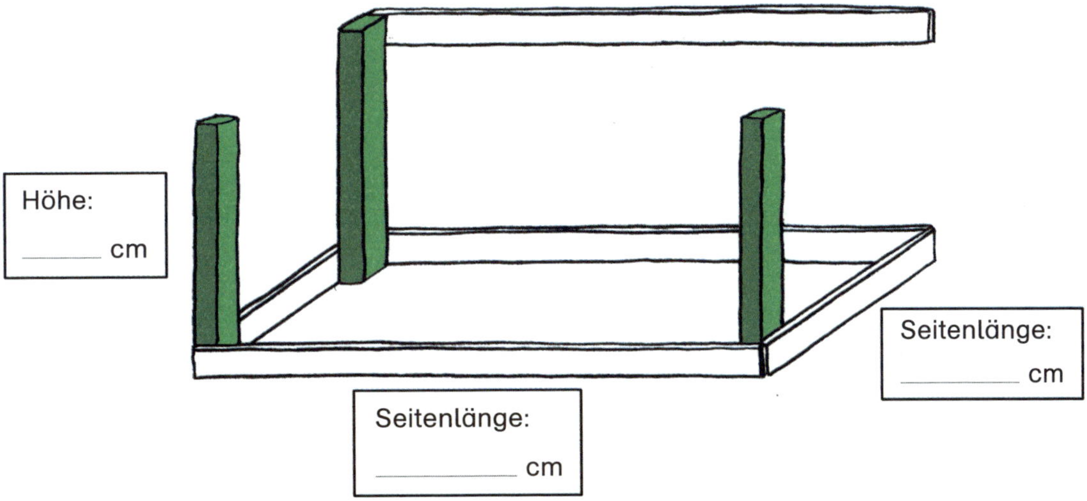

B. Wie viele Pfosten brauchen sie und wie lange müssen diese jeweils sein?

Antwort: ______________________

C. Die Holzleisten oben und unten am Rahmen lassen die Kinder gleich im Baumarkt zuschneiden. Kreuze an, welches die optimale Länge der Leiste ist.

☐ a. 2 m ☐ b. 5 m ☐ c. 10 m

95 Knete selbst herstellen

Muriel stellt selbst Knete her. Sie hätte gerne von den Farben rot, gelb, blau, rosa und lila jeweils 500 g Knete. Rechne aus, wie viel sie dann von den einzelnen Zutaten braucht.

Rezept
für 1,25 kg Knete:
500 g Mehl
250 g Salz
20 g Weinsäure
$\frac{1}{2}$ l kochendes Wasser
3 EL Speiseöl
Lebensmittelfarbe

Rezept
für ______ Knete:
______
______
______
______
______
______

Schreibe deine Rechnungen auf ein extra Blatt Papier. Mache dir mal deine eigene Knete. Weinsäure bekommst du in der Apotheke.

96 Eine Hundeschlittenfahrt

Ein Inuitmädchen fährt mit ihrem Hundeschlitten.
In einer Stunde fährt sie 16 km weit. Ergänze die Tabelle.

1 h	km
eine halbe Stunde	km
15 min	km
2 h	km
$2\frac{1}{2}$ h	km
	52 km
	72 km
	60 km

1 Stunde (h) = 60 Minuten (min)

97 Im Streichelzoo

Leonie macht mit ihrer Familie einen Ausflug in den Streichelzoo. Um 14.30 Uhr betreten sie den Zoo und gehen zunächst zu den Ziegen. Nach 15 min laufen sie weiter und kommen zu den Hasen, die Leonie 20 min lang glücklich auf dem Schoß hält und streichelt. Schließlich verabschiedet sie sich von ihnen und sie steuern das Gehege der Esel an. Nachdem sie diesen 5 Minuten lang zugesehen haben, zieht es sie nun zu den Schafen. Diese schauen Leonie so hungrig an, dass sie ihnen Futter kauft und die Tiere 12 min lang füttert. Nun wollen ihre Eltern aber eine Kaffeepause einlegen und Leonie spielt in diesen 35 min mit anderen Kindern auf dem Spielplatz. Ungeduldig drängt Leonie ihre Eltern dann weiter zu den Ponys. Leonie hat Glück und es wird sogar ein Ponyreiten angeboten. Die Eltern zahlen ihr eine Tour durch den Park und sie genießt den fünfundzwanzigminütigen Ausritt. Zum Schluss gehen sie noch in den Kuhstall, wo Leonie noch 8 Minuten kleine Kälbchen streichelt. Zwischen den einzelnen Tiergehegen benötigte die Familie für die Strecken insgesamt 17 Minuten.

A. **Frage:** ______________________________

____

B. Eine Skizze hilft dir beim Lösen der Aufgabe. Zeichne sie auf ein extra Blatt Papier.

Antwort: ______________________________

Die Skizze auf Seite 40 hilft dir beim Erstellen deiner eigenen Skizze. Denke daran, 60 min = 1 h.

98 Girlanden

Julia, Caroline und Jannika basteln Girlanden für das Klassenfest. Julias Girlande ist bereits 56 cm länger als Carolines. Jannikas Girlande ist nur halb so lang wie Julias. Die Girlande von Caroline ist 2,64 m lang.

A. Zeichne die Längen der Girlanden im Zahlenstrahl ein. Überprüfe, indem du die Längen auch ausrechnest.

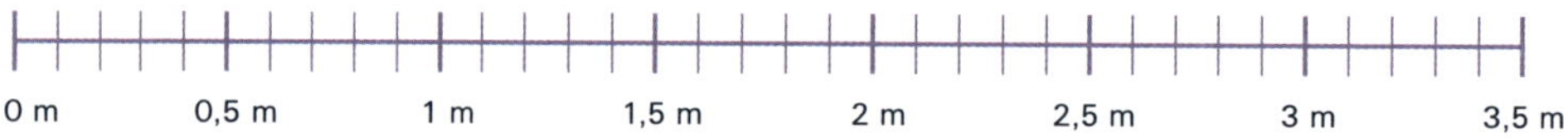

Julia: ______________ Caroline: ______________

Jannika: ______________

99 Treffpunkt Reithalle

Vier Mädchen lernen sich an einem Samstag beim Reiten in der Reithalle kennen und wollen sich wieder verabreden. Die erste kann nur jeden zweiten Tag. Die zweite nur jeden dritten Tag, die dritte nur jeden Samstag und die vierte nur jeden fünften Tag.

Antwort: Sie können sich in ______________ Tagen oder in ______________ Wochen wieder treffen.

100 Mädchen-Logical

Lies dir zuerst den ganzen Text durch.
Streiche den Satz durch, den du fertig bearbeitet hast.
Lies die anderen Sätze immer wieder durch.
Wie heißen die Mädchen? Wer trägt welches T-Shirt und hat welches Hobby?

Male die T-Shirts in der richtigen Farbe an:

Name: ________ ________ ________ ________

Hobby: ________ ________ ________ ________

1. Die T-Shirts der Mädchen sind rot, blau, gelb oder grün.
2. Tina steht außen.
3. Die Mädchen, die gerne lesen und schwimmen, stehen nicht außen.
4. Die Mädchen, die innen stehen tragen kein rotes T-Shirt.
5. Ein Mädchen heißt Anja.
6. Das Mädchen im blauen T-Shirt hat drei Mädchen vor sich.
7. Mona steht hinter dem Mädchen, das gerne turnt.
8. Das Mädchen mit dem grünen T-Shirt steht hinter Tina und schwimmt gerne.
9. Lara steht vor dem Mädchen, das gerne Fahrrad fährt.

Lösungen

Lösungsstrategien

Tipp 1: Lies genau.

1. B 1. Marie und Merle sind
a. Hexenkinder. c. Schwestern.

2. Sie bekommen Taschengeld von
b. dem Opa. c. den Eltern. e. einer Nachbarin.

2. C 1. Wie viele Hexen gehen in Merles Klasse? 24
2. Wie viele Schüler besuchen die restlichen Klassen? 48
3. In welche Klasse geht Marie? 2. Klasse
4. Wie viele Schüler gehen in Maries Klasse? 18

Tipp 2: Finde eine passende Frage.

1. B

	Rechenfrage	andere Frage
1. Wer sammelt die Zauberpflanzen?		x
2. Wie viele Pflanzen braucht Merle insgesamt?		x
3. Wie viele Pflanzen hat Merle bereits gesammelt?	x	
4. Wie heißt die Hexe?		x
5. Wie viele Zauberwurzeln muss sie noch sammeln?	x	

2. Mögliche Rechenfragen:
Wie viele Seiten hat Marie bisher gelesen?
Wie viele Seiten muss sie noch lesen?

Tipp 3: Rechenweg finden. Antworten geben.

1. A $20 - 7 = 13$
$20 = 7 + 13$

1. B Rechenfrage: Wie viele Bonbons hatte sie?

1. C Umkehraufgabe: $13 + 7 = 20$

1. D Antwort: Merle hatte 20 Bonbons.

2. A Frage: Wie viele Federn hat Marie insgesamt?
$7 + 8 = 15$

2. D Antwort: Sie hat insgesamt 15 Federn.

Lösungen

S. 18 – 27

1 Rechenfragen: 3, 5
1. Wie viele blaue Blumen hat Carina? 12
2. Wie viele rote Blumen hat Jana? 11
3. Wie viele rote Blumen sind es insgesamt? 15 + 11 = 26
4. Wie viele rote Blumen hat Carina? 15
5. Wie viele Blumen sind es insgesamt? 26 + 12 = 38

2 Frage: Wie viele Muscheln hatte sie schon vorher im Eimer?
Rechnung: 26 – 17 = 9
Antwort: Sie hatte vorher schon 9 Muscheln im Eimer.

3 Rechnung: 14 + 7 + 8 = 29
Du malst insgesamt 29 Formen aus.

4 Rechnung: 45 – 15 = 30
Prinzessin Rosarot hat 30 Glitzersteine verschenkt.

5

1 Woche	1,50 €
2 Wochen	3,– €
3 Wochen	4,50 €
4 Wochen	6,– €
5Wochen	7,50 €
6 Wochen	9,– €
7 Wochen	10,50 €

Frage: Wie viele Wochen muss Steffi sparen?
Rechnung: 7 · 1,50 € = 10,50 €
Sie muss 7 Wochen sparen.

6 Rechnung: 5 · 8 = 40
Insgesamt tanzen 40 Mädchen.

7 Rechnung: 5 · 10 = 50
Es werden 50 Fingernägel lackiert.

8 **A.** Rechnung: 8 · 2 = 16.
Laura nimmt 16 blaue Perlen.

B. Rechnung: 8 : 2 = 4
Laura nimmt 4 grüne Perlen.

C. Rechnung: 8 + 16 + 4 = 28
Insgesamt nimmt sie 28 Perlen.

9 Rechnung: 4 · 4 Beine = 16 Beine
Antwort: Es rennen 16 Beine auf der Wiese herum.

B. Bei 36 Beinen wären es 9 Hasen.
Rechnung: 36 : 4 = 9

10 Rechnung: 4 · 3 = 12
Es sind insgesamt 12 Dinge.

11 **A.** Frage: Wie viele Blumen musst du malen?
Rechnung: 2 · 6 = 12
Es sind 12 Blumen.

B. Frage: Wie viele Sonnenstrahlen hat die Sonne?
Rechnung: 4 · 6 = 24
Die Sonne hat 24 Sonnenstrahlen.

12 **A.** Frage: Wie viele Tiere leben auf dem Bauernhof?
Rechnung: 3 · 9 = 27
Antwort: Es leben 27 Tiere auf dem Bauernhof.

B. Rechnung: 45 : 9 = 5
Bei 45 Tieren gäbe es 5 Tierarten.

13 **A.** Rechnung: 3 · 7 = 21
Nach 21 Tagen kann sie das Lied singen.

B. Rechnung: 2 · 7 = 14
Nach 14 Tagen kann sie die Tanzschritte.

C. Rechnung: 3 Wochen + 2 Wochen + 4 Wochen = 9 Wochen
Nach insgesamt 9 Wochen ist ihr großer Auftritt.

14 Rechnung: 12 : 3 = 4
Auf jedem Bauernhof leben 4 Kühe.

15 Rechnung: 14 : 4 = 3 Rest 2
Es werden 4 Kutschen benötigt. Die beiden Kinder die übrig bleiben wollen ja auch noch mitfahren. Also fährt die vierte Kutsche mit nur zwei Kindern.

16 **A.** 8 · 4 = 32

B. 7 · 7 = 49

C. 47 – 9 = 38

17 Rechnung: 32 € + 5,50 € + 50 ct = 38 €
Merle muss 38 € bezahlen.

Lösungen
S. 28 – 34

18 **A.** Rechnung: 3 m 40 cm + 15 cm + 15 cm = 3 m 70 cm
Ihr Bett muss 3 m 70 cm lang sein.

B. Die Riesin ist doppelt so groß wie ein Mensch.
Rechnung: 2 m · 2 = 4 m
Der Schrank der Riesin müsste 4 m hoch sein.

C. Hier zählt deine eigene Lösung.
Angenommen, du bist 1 m 20 cm groß, dann lautet die Rechnung so:
1 m 95 – 1 m 20 = 75 cm
Der Sohn der Riesin wäre dann 75 cm größer als du.

19 **A.** Carlottas Tag auf dem Ponyhof beginnt um 9.15 Uhr.

B. Um 12.30 Uhr gibt es Mittagessen.

C. Der Ausritt beginnt um 9.45 Uhr und endet um 11.00 Uhr. Er dauert also 75 min oder 1 h 15 min.

D. Das Mittagessen dauert 45 min. Carlotta hat dann noch 90 min oder 1 h 30 min freie Zeit.

E. Das Absatteln am Nachmittag beginnt um 16.00 Uhr.

20 **A.** A. Dilek: 7 Nelly: 10 Jule: 9 Hanna: 14

B. Richtig sind: 1, 3

C.

21 **A.** Wie viele Haarlängen von Mädchen sind im Schaubild dargestellt? 6

B. So lange sind die Haare von: Denise: 30 cm Paula: 15 cm

C. Welches Mädchen hat längere Haare als 30 cm? Simone, Kaja

D. Richtig sind: 2, 5

22 Jannika: 8 Jahre
Mutter: 8 Jahre · 5 = 40 Jahre
Vater: 40 Jahre + 4 Jahre = 44 Jahre
Schwester: 44 Jahre : 4 = 11 Jahre

23 Richtige Reihenfolge ist: a., c., b.
a. 9 € + 5,50 € = 14,50 €
b. 50 € – 19 € = 31 €
c. 14,50 € + 4,50 € = 19 €

24 **A.** Richtiges Bild: b.

B. Richtiges Bild: c.

C. Es sind 8 Blumen übrig.

D. Rechnung: 4 · 6 = 24 (Anzahl der Blumen am Anfang)
24 : 2 = 12 (Hälfte der Blumen)
24 – 8 = 16 (Anzahl der gefressenen Blumen)
Ja. Das Schaf hat 16 Blumen gefressen. Das sind mehr als die Hälfte der Blumen.

25
1. Wie viele Pferdesammelkarten haben Muriel und Ronja zusammen?
   c. 20 + 15
   □ Muriel und Ronja haben zusammen 35 Sammelkarten.
2. Wie viele Sammelkarten bringt Jannika mit?
   b. 17
   ◇ Jannika bringt 17 Sammelkarten mit.
3. Wie viele Sammelkarten haben alle drei zusammen?
   a. 20 + 15 +17 und
   d. 35 + 17
   △ Zusammen haben alle drei Kinder 52 Sammelkarten.

Lösungsstrategien

Tipp 1: Genau lesen- was ist wichtig?

1. Die kleine Hexe Marie ist 8 Jahre alt und ist schon sehr aufgeregt. Heute darf sie mit ihrer 3 Jahre älteren Schwester Merle und ihren Eltern den großen Hexen-Jahrmarkt besuchen. Die lange Strecke von 320 km darf sie zum ersten Mal auf ihrem eigenen Besen reiten. Nach 4 Stunden sind sie endlich am Ziel.
Rechnung: 320 km : 4 = 80 km
Antwort: Marie ist in einer Stunde 80 km weit geflogen.

2. Stichwortzettel

- 2 • 1,50 €
- 1,80 €
- 2 • 2,– €

Rechnung: 3 € + 1,80 € + 4 € = 8,80 €
Antwort: Die beiden Zauberer geben 8,80 € aus.

Tipp 2: Passende Rechenfrage finden.

1. B

	Text 1	Text 2	zu keinem
1. Reicht ihr Geld?	X		
2. Kommt sie pünktlich zu seiner Familie?		x	
3. Wie viele Minuten hat sie noch Zeit?		X	
4. Wie viel bezahlen sie für das Eis?			x
5. Wie oft kann sie reiten?	x		
6. Wie viel Zeit verbringen sie zusammen?		x	
7. Wie heißen die Freundinnen?			x
8. Wie viel Geld bekommt sie zurück?	x		

1. C Text 1: Alle Fragen, die zu Text 1 passen, sind möglich.
Text 2: Alle Fragen, die zu Text 2 passen, sind möglich.

Tipp 3: Skizzen können helfen.

1. B Rechenfrage: Wie viele Hexen und Zauberer sind im Zelt?

1. C **Skizze**

25 + 10 − 3 = 32

1. D Antwort: Es sind 32 Zauberer im Zelt.

Tipp 4: Rechenweg finden. Antwort geben.

1. B

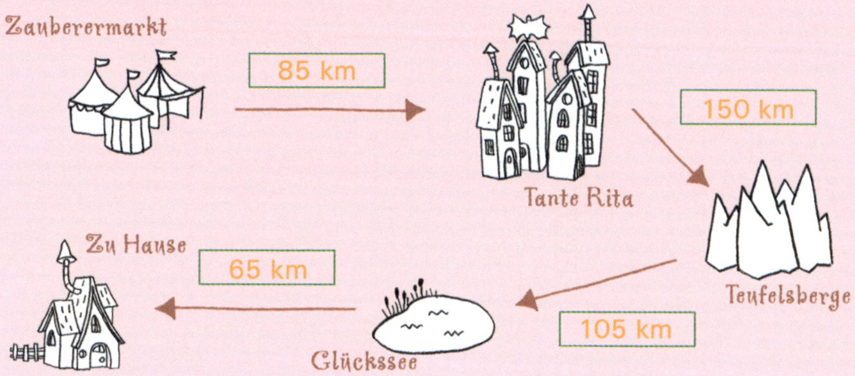

1. C Rechenfrage: Wie weit ist es vom Glückssee nach Hause?
Rechnung: 405 km − 85 km − 150 km − 105 km = 65 km

1. D Antwort: Vom Glückssee nach Hause sind es 65 km.

Lösungen

2. Lösungsstrategien für Zahlenrätsel

Tipp 1: Rechenzeichen erkennen.

1. Addition: Addiere 15, Bilde die Summe von ..., Zähle 30 dazu, Zähle 7 und 8 zusammen, ... ist um 20 größer als

   Subtraktion: Subtrahiere 15, ziehe 5 ab, ist um 20 kleiner als, Bilde die Differenz von ...

   Multiplikation: Multipliziere mit 6, Bilde das Produkt von ..., Verdopple ..., Das Vierfache von ..., Vervielfache um 5, Nimm mal mit 8

   Division: Dividiere durch 6, Teile durch 4, Bilde den Quotient von ..., die Hälfte von ..., Halbiere ..., Der vierte Teil von ...

Tipp 2: Lösungswege planen.

1. B

205	− 50 / + 50	155	+ 45 / − 45	200

2.

45	: 5 / · 5	9	· 6 / : 6	54

26 Rechenfrage: 5
1. Wer hat die Geisterlotterie gewonnen? Windi
2. Bei welchem Spiel verliert Windi wieder Taler? Beim Würfelspiel.
3. Wie viele Taler hat es gewonnen? 178 Taler
4. Wie viele Taler hat Windi verloren? 66 Taler
5. Wie viele Taler hat Windi noch übrig?
   178 Taler – 66 Taler= 112 Taler
   Antwort: Windi hat noch 112 Taler übrig.

27 **A.**

Alter	Größe	Wachstum
1 Jahr	78 cm	27 cm
2 Jahre	0,89 m	11 cm
3 Jahre	0,98 m	9 cm
4 Jahre	1,06 m	8 cm
5 Jahre	1,14 m	8 cm

B. Richtig: 1, 2, 4

28 Frage: Wie viel Geld fehlt Carla noch?
Rechnung: 107 € – 86 € = 21 €
Carla fehlen noch 21 €.

29 Rechnung: 275 Perlen + 333 Perlen + 286 Perlen. = 894 Perlen
Sie haben zusammen 894 Perlen.

30 **A.** Rechnung: 1 000 – 720 = 280   1 000 – 699 = 301   1 000 – 835 = 165

B.
1. Für „Schwanensee“ gibt es noch 280 Karten.
2. Für „Cinderella“ gibt es noch 301 Karten.
3. Für „Dornröschen“ gibt es noch 165 Karten.
4. Für „Cinderella“ gibt es noch die meisten Karten.
5. Für „Dornröschen“ gibt es noch die wenigsten Karten.

31 Rechnung: 180 m + 180 m + 320 m + 320 m = 1 000 m
Die beiden Freundinnen wohnen genau 1 000 m auseinander.

32 Rechnung: 9 · 8 Blumen = 72 Blumen
Es blühen 72 Blumen.

33
Rezept für Warzennase
14 Blätter der Glücksblume
42 Rosenknospen
28 Zauberwürmer
49 Blätter Feenkraut

34

Minuten	Sprünge Jannika
1	80
2	160
3	240
4	320
$\frac{1}{2}$	40

Das hilft dir beim Multiplizieren mit ganzen 10er-Zahlen.
2 • 80 = 160 und 2 • 8 = 16

35
645 (– 53 / + 53) = 592 (+ 164 / – 164) = 756

72 (: 6 / · 6) = 12 (· 9 / : 9) = 108

Lösungen

S. 51 – 60

36 **A.** Rechnung: 28 · 3 Strähnen = 84 Strähnen
Es waren 84 Strähnen nötig.

B. 111 : 3 = 37
Sie kann daraus 37 Zöpfe flechten.

37 **B.** Rechnung: 158 Karten · 3 = 474 Karten
Es wurden 474 Karten verkauft.

38 **B.** Rechnung: 62 · 4 Hufe = 248 Hufe
Er muss 248 Hufe kontrollieren.

39 Frage: Wie viele Gummibärchen erhält jedes Kind?
Rechnung: 168 : 4 = 42
Jedes Kind erhält 42 Gummibärchen.

40 Rechnung: 828 : 9 = 92
Sie knüpft 1 h 32 min.

41 Frage: Wie lang ist die Collage insgesamt?
Rechnung: 75 cm · 3 = 225 cm
Die Collage ist 2 m 25 cm lang.

42

Ferien	Wochen	Tage
Herbst	1	7
Weihnachten		19
Fasching	1	7
Ostern		11
Pfingsten	2	14
Sommer	6	42
Insgesamt:		100

Michaela hat insgesamt 100 Ferientage.

43 **A.** Dann ist es 12.00 Uhr.

B. Um 12.30 Uhr machen wir ein gemeinsames Picknick. …
Es ist jetzt 13.15 Uhr.

C. Um 17.20 Uhr bin ich wieder daheim.

D. Zu dem Zeitpunkt ist es 20.50 Uhr.

Lösungen

44 Richtige Reihenfolge: d., a., c., b.

a. Rechnung: 499 € + 36 € = 535 €
   Antwort: Alles zusammen kostet 535 €.
b. Rechnung: 535 € – 350 € = 185 €
   Antwort: Ihre Eltern müssen noch 185 € bezahlen.
c. Rechnung: 200 € + 150 € = 350 €
   Antwort: Kira hat 350 €.
d. Rechnung: 365 € + 134 € = 499 €
   Antwort: Die Ski und die Skistiefel kosten 499 €.

45 Wie schwer ist Boomer nach seiner Fressattacke?
Rechnung:
38 kg 400 g + 250 g + 500 g + 150 g + 30 g + 300 g = 39 kg 630 g
Boomer wiegt nach der Mahlzeit 39 kg 630 g.

46 Ja, das Gewicht ist gleich verteilt. Der Elefant wiegt 6 t oder 6 000 kg.
Die Giraffe, das Nashorn und das Nilpferd wiegen zusammen auch 6 t.
800 kg + 3 600 kg + 1 600 kg = 6 000 kg

47 Rechnung: 30 cm + 18 cm + 21 cm + 21 cm = 90 cm
124 cm – 90 cm = 34 cm
Das Dach ist 34 cm hoch.

48 Lisa und Hannah reiten gemeinsam mit ihren Pferden aus. Die erste Etappe führt sie nach 11 km zum Badesee. Dort können die Pferde genüsslich trinken. Dann reiten sie weiter zur 4,5 km entfernten Burgruine Gruselheim. Nach einer Rast von 20 min reiten sie weiter und kommen nach 5 km zum Abenteuerspielplatz. Eine viertel Stunde spielen sie dort bis sie sich zur letzten Etappe aufmachen, die halb so lang ist wie ihre erste. Glücklich kommen sie am Nachmittag wieder nach Hause.

C. Rechnung: 11 km + 4,5 km + 5 km + 5,5 km = 26 km
Sie sind insgesamt 26 km geritten.

49 **A.** Rabia: 130 cm, Steffi: 135 cm, Kim: 126 cm, Amelie: 115 cm

B.
1. Was kannst du aus dem Diagramm ablesen? Wie weit die Kinder gesprungen sind.
2. Wie viele Kinder sind gesprungen? 4 Kinder
3. Wer ist am weitesten gesprungen? Steffi: 135 cm
4. Wer ist am kürzesten gesprungen? Amelie: 115 cm
5. Wie groß ist der Unterschied zwischen diesen beiden Sprüngen?
   135 cm – 115 cm = 20 cm

Lösungen

S. 61 – 68

50

1. Es wurden insgesamt 170 Kinder befragt. Jedes Kind hatte nur 1 Stimme. (Rechnung: Hamster 10 + Katze 40 + Hund 35 + Hase 50 + Meerschweinchen 10 + Vogel 25 = 170)
2. Der Hase ist das beliebteste Haustier.
3. Ein Hamster ist genauso beliebt wie ein Meerschweinchen.
4. Der Hase ist doppelt so beliebt wie der Vogel.
5. Der Hund kam bei der Umfrage auf Platz 3.
6. Nenne die ersten drei Tiere: Von wie vielen Kindern wurden sie gewählt? Hase: 50 Kinder, Katze: 40 Kinder, Hund: 35 Kinder

51 **A.**

	Mo	Di	Mi	Do	Fr	Sa	So
Ich habe:	6	10	19	22	27	35	38
Es fehlen noch:	154	150	141	138	133	125	122

B.

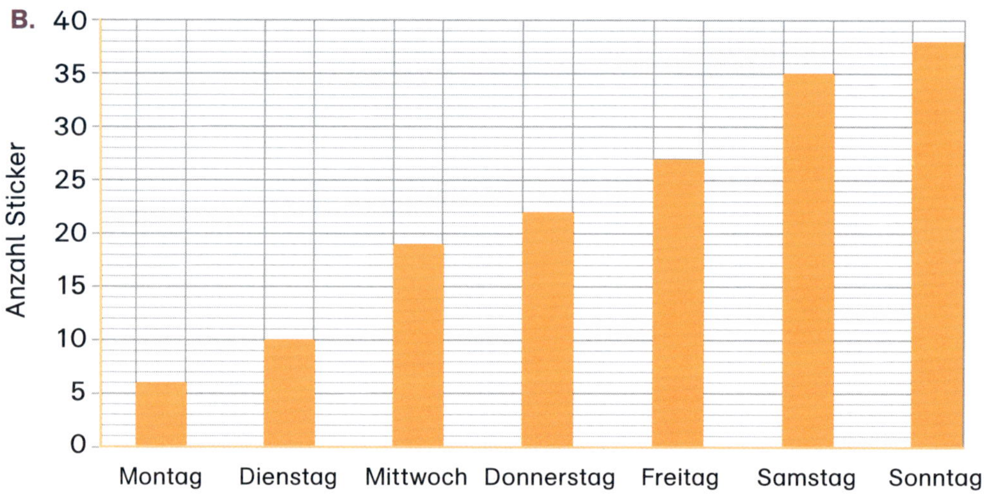

52 **A.** Rechnung: 105 cm + 105 cm = 210 cm
3 · 85 cm = 255 cm
So ist jede Seite länger als 2 m.

B. 210 cm + 210 cm + 255 cm + 255 cm = 930 cm
Sie muss insgesamt 9 m 30 cm lang sein.

53 Rechnung: Köpfe: 8 + 6 = 14
Beine: 8 · 4 = 32 (Hasen)   6 · 2 = 12 (Wellensittiche)   32 + 12 = 44
Antwort: Es sind 8 Hasen und 6 Wellensittiche.

54 Abfahrtzeit   Zeit für die Strecke   Ankunftszeit

15 min

Sie muss um 16.35 Uhr los fahren.

55

1	Haarreif	1,50 Gt
2	Ringe	5 Gt
1	Tasche	8 Gt
Vier Dinge für:		14.50 Gt

1	Bikinioberteil	13 Gt
3	Seesterne	1,50 Gt
Vier Dinge für:		14.50 Gt

1	Kette	9 Gt
1	Seestern	0,50 Gt
2	Ringe	5 Gt
Vier Dinge für:		14,50 Gt

1	Kette	9 Gt
1	Ring	2,50 Gt
2	Haarreife	3 Gt
Vier Dinge für:		14,50 Gt

56 **B.** Frage: Wie lange ist die Laufstrecke für ein Staffel-Team insgesamt?
Rechnung: 125 m · 8 = 1 000 m
Ein Staffel-Team läuft insgesamt eine Strecke von 1 000 m.

C. Rechnung: 1 440 m : 8 = 180 m
Wenn die Strecke 1 km 440 m lang wäre müsste jedes Kind 180 m laufen.

57 **A.** Rechnung: 149,99 € + 43,50 € + 35,50 € = 228,99 €
Das Geschenk kostet insgesamt 228,99 €.

B. Rechnung: 228,99 € : 3 = 76,33 €.
Die Eltern, Großeltern und der Patenonkel müssten jeweils 76,33 € bezahlen.

58 Rechnung: 12 · 6 = 72
Du bräuchtest 72 Blütenblätter.

59 Rechnung: $3 \cdot 3 \cdot 2 = 18$
Es gibt 18 verschiedene Möglichkeiten die Puppe anzuziehen.

60

Lösungsstrategien

Tipp 1: Informationen aus Texten gewinnen

Stichwortzettel

Eltern:	Kinder:
Trog: 25 €	1 Sack Feenkraut: 18 €
Einhorntränke: 70 €	1 Sack Glückspilze: 17 €
Stroh: 20 €	Bürste: 25 €
	Sattel: 150 €
	Zaumzeug 80 €

Tipp 2: Fachbegriffe erkennen.

1. A 1. Text: Abfahrtszeit, Ankunftszeit, Fahrzeit
2. Text: Ausgabe, Einnahme, Gewinn

1. B Hier zählt deine eigene Lösung. Eine Rechengeschichte zu den Begriffen Einzelpreis, Anzahl und Gesamtpreis könnte zum Beispiel so lauten:

Marie braucht neue Zauberstifte, um geheime Botschaften an ihre Freundinnen schreiben zu können. Der Einzelpreis beträgt 2,35 €. Marie kauft 3 Zauberstifte. Wie hoch ist der Gesamtpreis?

Tipp 3: Rechenweg finden. Antwort geben.

1. B

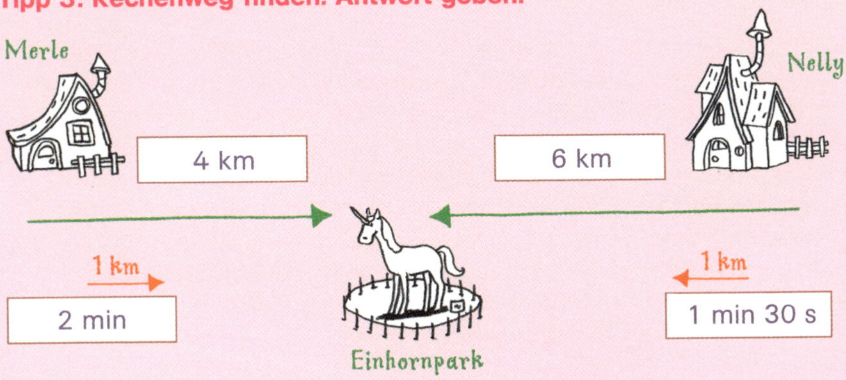

Tipp 3: Rechenweg finden. Antwort geben.

1. B Rechnung:

Merle	
1 km	2 min
2 km	4 min
3 km	6 min
4km	8 min

Nelly	
1 km	1 min 30 s
2 km	3 min
3 km	4 min 30 s
4 km	6 min
5 km	7 min 30 s
6 km	9 min

Antwort: Merle erreicht den Drachenpark zuerst.

Tipp 4: Aufgabentexte finden.

1. Hier zählt deine eigene Lösung. Eine Rechengeschichte zu diesem Stichwortzettel könnte zum Beispiel so lauten:

Merle hat ihre beste Freundin Clara zum Übernachten eingeladen. Für den Abend möchte sie noch etwas Besonderes zum Naschen und Trinken besorgen. Sie kauft zwei Packungen Zauberbonbons für je 2,30 € und zwei Flaschen Geisterwasser ein, die jeweils 1,80 € kosten. An der Kasse legt sie noch die neueste Ausgabe der Zeitschrift „Einhorn-Fan" für 2,50 € dazu. Von ihren Eltern erhält Merle 5,– €. Wie viel Taschengeld muss sie noch aus ihrem Sparschwein nehmen, um alles bezahlen zu können?

61 Der Großteil unserer Spielsachen wird in China hergestellt. Dort werden auch Kinder zum Arbeiten eingesetzt. Xiao ist 11 Jahre alt. Da ihre Familie sehr arm ist, kann sie nicht zur Schule gehen, sondern muss arbeiten. Ihr Arbeitstag beginnt um 7.30 Uhr und geht häufig bis 23.30 Uhr. Dafür erhält sie dann in guten Monaten 2,50 € am Tag. Einmal im Monat hat sie frei. Da ihre Familie auf dem Land wohnt, teilt sie sich ein Zimmer mit 12 anderen Mädchen. Für die Unterkunft und das Essen muss sie im Monat 25 € bezahlen. Es gibt in Europa auch Spielsachen mit dem „Fairen-Handel-Siegel" zu kaufen. Hier achten die Hersteller darauf, dass die Arbeiter unter fairen Verhältnissen arbeiten.

B. Rechnung: 16 h am Tag, 1 Tag im Monat frei: 16 h · 29 = 464 h
Xiao arbeitet 464 h in einem Monat mit 30 Tagen.

C. Rechnung: 2,50 € · 29 = 72,50 € 72,50 € – 25 € = 47.50 €
Xiao bleiben im Monat 47,50 €, die sie ihrer Familie schicken kann.

62 **A.** Richtiger Text: 3

B. Frage: Wie viele Menschen besuchten den Jahrmarkt am Wochenende?
Es waren 106 701 Besucher.

63 **A.** Richtiger Text: 4

B. Frage: Wie viele Menschen besuchten das Freibad im Vorjahr?
Im Vorjahr waren es 90 302 Besucher.

64 Frage: Wie viele Karten gibt es noch an der Abendkasse zu kaufen?
Rechnung: 54 267 – 25 000 – 28 809 = 458
Es gibt noch 458 Karten an der Abendkasse.

65 Rechnung: 11,90 € · 2 = 23,80   23,80 € + 12,30 € = 36,10 €
Die Eltern müssen dem Reitverein 36,10 € zahlen.

66 Rechnung: 19 882 m – 8 848 m = 11 034 m
Die tiefste Stelle im Meer ist 11 034 m tief.

67 Frage: Wie teuer ist das Kleid?
Rechnung: 40 € – 13,01 € = 26,99 €
Das Kleid kostet 26,99 €.

68 **A.** Gesamtlaufzeit der beiden Kinder:
Steffi: 1 min 42 s   Laura: 1 min 43 s
B. Frage: Wer war insgesamt schneller und hat gewonnen?
Steffi hat gewonnen.

69 Rechnung: 13 · 9 = 117
Chiara muss insgesamt 117 Steine bemalen.

70 Rechnung: 5 · 3 · 7 = 105
Insgesamt kennen nun 105 Kinder das Geheimnis. Und natürlich Karla selbst.

71 Die Umkehraufgabe hilft dir beim Lösen.
504 756 – 32 104 : 4 + 153 261 : 2 = 135 712

72 Rechnung: 20 cm + 20 cm = 40 cm   35 cm · 16 = 560 cm
560 cm + 40 cm = 600 cm
Die Schlucht ist 6 m breit.

73 Frage: Wie oft kreist der Reifen in 72 Stunden?
Rechnung: In einer Stunde: 115 · 55 = 6 325 (55, da in jeder Stunde fünf Minuten Pause eingelegt wurden)
In 72 Stunden: 6 325 · 72 = 455 400
In 72 Stunden kreiste der Reifen 455 400 mal.

Lösungen

S. 85 – 93

74 Frage: Wie viel Kinderbowle wurde insgesamt getrunken?
Rechnung: 11 · 3 Becher = 33 Becher 33 · 250 ml = 8 250 ml
Die Kinder tranken zusammen 8 l 250 ml.

75 Die Außerirdischen wären auf der Erde jeweils achtmal älter.
Neptun: 165 Jahre · 8 = 1 320 Jahre
Merkur: 88 Jahre · 8 = 704 Jahre
Mars: 2 Jahre · 8 = 16 Jahre
Jupiter: 12 Jahre · 8 = 96 Jahre
Saturn: 29 Jahre · 8 = 232 Jahre
Pluto: 8 Jahre · 8 = 64 Jahre

76 Rechnung: 9 630 : 3 = 3 210
Die Wunschmaschine würde 3 210 Tage lang die Wünsche erfüllen.

77 Rechnung: 186 : 4 = 46 Rest 2
Die Kinder können die Süßigkeiten nicht ganz gerecht verteilen. Jedes Kind bekommt 46 Süßigkeiten. Zwei bleiben übrig.

78 **A.** 13 526 · 9 =121 734
124 886 – 123 963 = 923
121 734 + 923 = 122 657

B. 98 432 : 2 = 49 216

79 Frage: Wie viele Stunden ist Hanna in der Woche mit dem Schultheater beschäftigt?

Stichwortzettel

3 · 45 min
1 h 45 min
2 · 1 h 30 min

Hanna ist 7 Stunden in der Woche mit dem Schultheater beschäftigt.

80 **A.** Am 16. Juli landet die Popgruppe „Beautys“ in Berlin. Sie startet am nächsten Tag ihre Deutschlandtournee mit einem Konzert im Olympiastadion. Die Arbeiter beginnen bereits um 8.30 Uhr mit dem Aufbau der Technik. Am Nachmittag wird noch eine Probe durchgeführt, bevor das Konzert am Abend stattfindet. Im Anschluss bauen die Arbeiter bis um 2.30 Uhr alles wieder ab und fahren weiter. Der nächste Auftritt ist am 19.07. in Frankfurt. Darauf folgen noch vier weitere Konzerte bis die Band am 25.07. ihr Abschlusskonzert in München gibt.

B. Die Deutschlandtournee der „Beautys“ geht 9 Tage.

C. Ein Konzerttag dauert mit Auf- und Abbau 18 Stunden.
Von 8.30 Uhr bis 2.30 Uhr.

81 Frage: Wie viel haben die Turnschuhe gekostet?
Rechnung: 12,50 € · 2 = 25 €
50 € – 25 € – 5,10 € = 19,90 €
Die Turnschuhe haben 19,90 € gekostet.

82 50 Luftballons halten das Gewicht von 1 kg.
(Rechnung: 1 000 g : 20 g = 50 g)
38 · 50 = 1 900
Jule müsste 1 900 Luftballons halten.

83

	t	kg	Kommazahl
Blauwal	200	200 000	200, 0 t
Elefant	6	6 000	6,0 t
Nilpferd		1 500	1,5 t
Löwe		165	0,165 t
Giraffe		660	0,66 t
Krokodil		1 100	1,1 t
Gorilla		220	0,22 t

84 **C.** Rechnung:
5 · 7,50 m + 10 m + 12,40 m + 15 m + 6 · 0,40 m + 5 m = 87,30 m
Angelina hat insgesamt 82,30 m zurück gelegt.

85 **A.** Rechnung: 152 l : 8 l = 19
Der Elefant müsste seinen Rüssel 19 Mal füllen.

$\frac{1}{4}$ l = 250 ml

B. 152 · 4 = 608
Er würde am Tag 608 Gläser trinken.

86 Bianca: 1. Versuch: 18 2. Versuch: 26

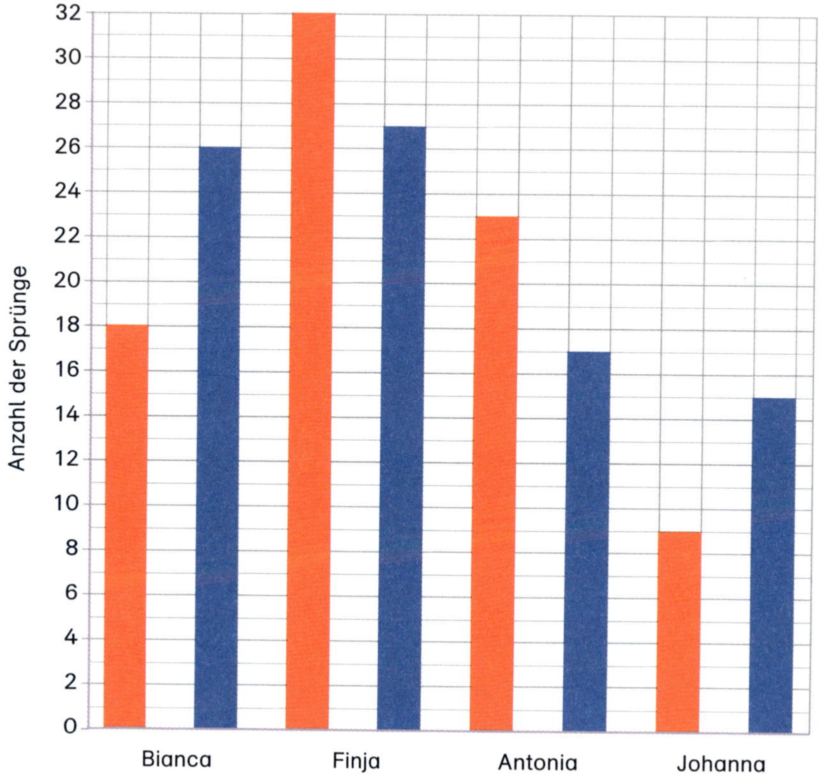

87 **A.**

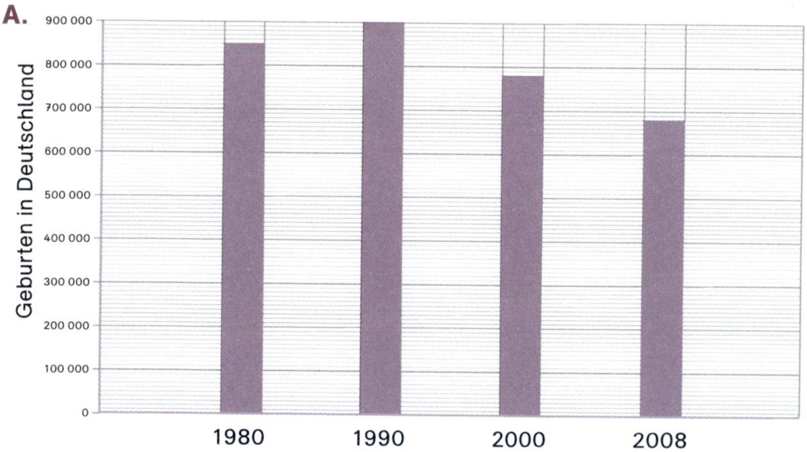

B. Jahr 2000: 780 000 Jahr 2008: 680 000

C. Richtig: 2, 3

88 **A.** Hanna 2. Fiona 3. Ben 4. Luise 5. Sven

B. Wie viel Geld können die einzelnen Kinder spenden?
Fiona: 3 800 m ≙ 9,50 € Ben: 3 200 m ≙ 8 €
Sven: 1 200 m ≙ 3 € Luise: 2 800 m ≙ 7 €
Hanna: 4 000 m ≙ 10 €

89 **A.** 5. Woche: 16 Cent 8. Woche: 128 Cent 12. Woche: 2 048 Cent

B. Rechne aus, wie viel Cent auf den ersten 15 Feldern liegen.

Feld	1	2	3	4	5	6	7	8	9	10	11	12
Cent	1	2	4	8	16	32	64	128	256	512	1 024	2 048

C. Ab der 11. Woche würde Marie mehr als 10 € erhalten.

D. In der 15. Woche würde sie 16 384 ct oder 163,84 € erhalten.
(In der 13. Woche 4 096 ct und in der 14. Woche 8 192 ct)

In der 64. Woche würde sie 18 446 744 073 709 551 615 € erhalten (18 Trillionen 446 Billiarden 744 Billionen 73 Milliarden 709 Millionen 551 Tausend 615 €).

90 Löwenbaby

1. Sekunde	5 m
5. Sekunde	25 m
10. Sekunde	50 m
20. Sekunde	100 m
25. Sekunde	125 m
26. Sekunde	130 m
27. Sekunde	135 m

Löwenmama

1. Sekunde	14 m
5. Sekunde	70 m
10. Sekunde	140 m
20. Sekunde	280 m
25. Sekunde	350 m
26. Sekunde	364 m
27. Sekunde	378 m

135 m + 378 m = 513 m
Die Löwen treffen sich nach 27 Sekunden wieder.

91 **A.** Wenn du besser Chancen für einen Gewinn haben möchtest, entscheidest du dich für die Regel 3. Hier gewinnst du bei vier Augenzahlen, wenn du eine 1, 2 ,3 oder 4 würfelst. Dein Partner erhält nur bei der 5 und 6 einen Punkt.
Bei der Regel 2 wären es nur 3 Augenzahlen (die 6, 4 und 2) und bei der Regel 1 wären es nur zwei Augenzahl (die 6 und 3).

92 **A.** Rechnung: An einem Band hängen 13 Gegenstände. (200 : 15 = 13)
Es sind 16 Bänder. (80 cm : 5 cm = 16)
16 · 13 = 208
Mia braucht insgesamt 208 Gegenstände.

93 **B.** Rechnung: Der Bus fährt um 15.40 Uhr ab und kommt um 15.55 Uhr an.
3 Minuten läuft sie noch bis zu ihrer Freundin.
Um 15.58 Uhr ist Ronja bei ihrer Freundin.

94 **B.** Nelly braucht 4 Pfosten, die jeweils 80 cm hoch sind.

C. Rechnung: 8 · 1,25 m = 10 m
Die Leiste c. mit 10 m Länge ist optimal.

95 Rechnung: Muriel möchte Knete in 5 verschiedenen Farben mit jeweils 500 g herstellen.
Das sind insgesamt 2 500 g oder 2,5 kg.
Für 2,5 kg Knete benötigt man die doppelte Menge an Zutaten.
Rezept für 2,5 kg Knete: 1 kg Mehl, 500 g Salz, 40 g Weinsäure, 1 l Wasser, 6 EL Speiseöl

Und so kannst du dir deine eigene Knete selbst herstellen:
1. Vermische das Wasser mit Salz, Öl und Weinsäure.
2. Wenn du die Knete noch färben möchtest, solltest du jetzt die Lebensmittelfarbe hinzugeben. Du kannst aber auch z. B. Rote Beete Saft verwenden, um die Knete rot zu färben.
3. Gib jetzt das Mehl dazu. Verknete nun alles gut, am Besten mit einem Rührgerät.
4. Nun ist die Knete fertig und kann zu Formen und Figuren geknetet werden. Luftdicht verschlossen hält sich die Knete auch eine ganze Weile im Kühlschrank.

96

1 h	16 km
einer halbe Stunde	8 km
15 min	4 km
2 h	32 km
$2\frac{1}{2}$ h	40 km
3 h 15 min	52 km
4 h 30 min	72 km
3 h 45 min	60 km

97 **A.** Frage: Wie lange war die Familie im Streichelzoo?

B. Rechnung: 15 min + 20 min + 5 min + 12 min + 35 min + 25 min + 8 min + 17 min = 137 min
Die Familie war 2 h 17 min im Streichelzoo.

98 **A.** Julia: 3,20 m Caroline: 2,64 m Jannika: 1,60 m

99 Rechnung: 2 · 3 · 7 · 5 = 210
Sie können sich in 210 Tagen oder in 30 Wochen wiedersehen.

100

T-Shirt:	rot	grün	gelb	blau
Name:	Tina	Mona	Lara	Anja
Hobby:	turnen	schwimmen	lesen	Fahrrad fahren

1 Lisa, Tim und ihr Vater machen am Wochenende eine Fahrradtour. Bis zur ersten Pause legen sie 21 km zurück. Dann fahren sie 18 km bis zu einem kleinen Hotel. Dort übernachten sie. Am nächsten Morgen fahren sie auf einer anderen Strecke wieder nach Hause. Diese letzte Etappe beträgt 26 km. Nach 6 km bemerkt Tim, dass er sein Regencape im Hotel vergessen hat. Sie radeln zurück, um es zu holen.
Frage 1: Wie viele Kilometer fahren sie in den beiden Tagen?
Frage 2: Wie viele Kilometer beträgt die Rundstrecke?

Tipp: Leg dir als Hilfe eine kleine Zeichnung an.

Raum für deine Überlegungen:

4 P.

Antwort 1: ______________________________

______________________________ 1 P.

Antwort 2: ______________________________

______________________________ 1 P.

Von 6 Punkten habe ich (Punkte) erreicht.

Tipp!

Wenn es um Strecken und Längen geht, helfen dir kleine Zeichnungen. Beschrifte sie richtig mit allen Angaben – und du findest die Lösung sicher schneller.

So könnte der Anfang einer Zeichnung für die Textaufgabe auf der Vorderseite aussehen:

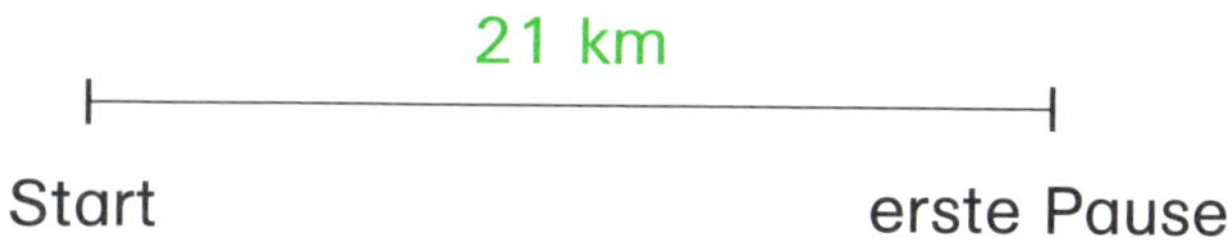

zusammengesetzte Textaufgaben: Skizzen

So gut bin ich! Textaufgaben 3. Schuljahr